NATIONAL GEOGRAPHIC

多样的生命

"影像方舟"的奇妙动物

［美］乔尔·萨托（Joel Sartore）著

綦敏博 胡晗 译

江苏凤凰科学技术出版社·南京

江苏省版权局著作权合同登记 图字：10-2023-73

图书在版编目（CIP）数据

多样的生命："影像方舟"的奇妙动物 /（美）乔尔·萨托著；綦敏博, 胡晗译 . — 南京 : 江苏凤凰科学技术出版社 , 2023.7（2024.6重印）
ISBN 978-7-5713-3516-8

Ⅰ.①多… Ⅱ.①乔…②綦…③胡… Ⅲ.①动物—摄影集 Ⅳ.① Q95-64

中国国家版本馆 CIP 数据核字 (2023) 第 081906 号

多样的生命："影像方舟"的奇妙动物

著　　者　［美］乔尔·萨托（Joel Sartore）
译　　者　綦敏博　胡　晗
责 任 编 辑　沙玲玲
助 理 编 辑　陈　英
责 任 校 对　仲　敏
责 任 监 制　刘文洋

出 版 发 行　江苏凤凰科学技术出版社
出版社地址　南京市湖南路 1 号 A 楼，邮编：210009
出版社网址　http://www.pspress.cn
印　　刷　上海当纳利印刷有限公司

开　　本　965mm×1054mm　1/16
印　　张　24.75
字　　数　300 000
版　　次　2023 年 7 月第 1 版
印　　次　2024 年 6 月第 3 次印刷

标 准 书 号　ISBN 978-7-5713-3516-8
定　　价　200.00 元（精）

图书如有印装质量问题，可随时向我社印务部调换。

序

刚刚过去的三年对全球的人类来说都是从未有过的体验和考验,因为达到类似级别的病毒大流行——"西班牙流感"大流行已经是一个世纪以前的事。此前,新冠病毒让人们待在家里,阅读成了必须,尤其是能在书中浏览自然世界的神奇和美丽,可以给人带来慰藉和松弛感,安抚焦躁不安的心情。乔尔·萨托的"影像方舟"系列丛书就具有这样的功能,因此当他新的一本著作《多样的生命》的中译本邀请我作序时,我毫不迟疑地欣然接受了。

我们在这本书里也能体会到对病毒感染的畏惧和个中惊险:萨托前往乌干达去探访一个挤满了埃及果蝠的洞穴,可能携带致命病毒的一团蝙蝠屎正好落入他的眼中,不仅导致他被刺激性成分灼伤,还迫使其紧急返回美国整整隔离了3周才确认没被感染。与他在本书里讲到的一些拍摄旅行中的故事一样,这不仅带给我们更多身临其境的感受,也让我们了解到不少照片是多么来之不易。另外,正是由于全球肆虐的病毒阻挡,萨托不能外出四处旅行,却使他有机会认真去拍摄昆虫——这类至关重要却又在"影像方舟"项目中被严重忽视的动物,因此在这本最新著作中出现了许多昆虫和其他无脊椎动物。仅仅在他位于美国内布拉斯加州的家附近大约30千米的范围内,萨托就拍摄到了700多种昆虫。这也启示我们,动物离我们并不遥远,只要用心观察,不用承受萨托那些惊心动魄的冒险经历,普通人也能接触到缤纷多彩的自然世界。

我猜想也有不少人羡慕甚至向往萨托的那些艰苦旅行和冒险经历,因为那其实也是我的愿望:到荒野追踪野生动物并记录下它们的行为。上大学前,我曾无意中读到过达尔文的日记,也就是他随小猎犬号军舰环球航行的科学考察记,我完全被吸引住了。不过,大多数人对野外(或者用时髦的词来说叫"户外")的兴趣常常是间歇性或者短暂的,而萨托却当成了一生的理想并传递给他的家人。"只要他倾心于某事,就会全身心投入,毫无保留",萨托的"影像方舟"赞颂了大自然存在的美好,同时也记录了难以挽回的消逝的生灵。

在萨托的书中,大到犀牛,小到一只步甲幼虫,他都拍得纤毫毕现。比如苏门答腊犀虽然是5种现生犀牛中最小的一种,其体重也能超过1吨,它以体毛发达为特点,但常因为皮肤上蹭满泥土很难被观察到,而萨托的照片将这个特点精细地刻画出来。他描述动物形态的文字也写得非常幽默,比如将地中海蛇锁海葵形容为"长得就像一大盘乱糟糟的意大利面",问金色波兰鸡的羽冠"究竟是有着高贵帝王般的庄严,还是只有疏于打理的流浪汉般的凌乱"?

虽然我们在书中看到的都是动物,但萨托的描述确实有拟人化的倾向。他也清楚在学术领域是不提倡拟人化的,但认为从科学传播的角度看,对动物的拟人化是一种令我们意识到自己与其他生物之间有着诸多联系的方式。除了描述,萨托在拍摄中是否特别着意于动物拟人化的表情和姿态?他没有说。

作为人类的近亲,书中的灵长类尤其惹人关注,作者也把它们拍得更有灵性。我们看分布在南美地区的稀有灵长类动物米勒僧面猴（本书第92页），它的爆炸头和八字胡是如此有趣，我甚至疑心有些足球明星是在模仿它的发型和髭式；皇狨猴（第210~211页）的胡须活像齐白石的美髯；东黑白疣猴基库尤亚种（第230页）的形象和神态似乎在模仿鲁本斯的自画像。

其实，生物的结构所包含的目的和意义至今并不都能被生物学家解释得很清楚，虽然"有些形状具有伪装作用，有些形状则是对生存环境的适应"，但就拿本书中各种牛科动物的角来说，它们为什么千奇百怪？不同的性状有什么功能上的差异？我们很难全部破译。甚至我们会想到，或许就是出于动物的美学追求吧！因为雄性正是利用这些第二性征来获得雌性的青睐。正如萨托在书中所说，动物王国还蕴藏着丰富多样的花纹与图案，有些图案的作用能够为人类所解读，而有些图案在我们眼中似乎只是形状和颜色的随机组合，但它们都彰显着大自然的艺术。

我自己喜欢野生状态下的动物，因此去拍鸟时，哪怕是最漂亮最难见的鸟儿，如果停在电线杆、铁丝网之类的人造物体上，我都不会去"瞄准"，更不用说动物园里圈养的生灵了。但萨托的计划常常需要拍摄那些濒临灭绝的动物，可能就只在动物园中才能看到它们，例如第82~83页那只极危的大鸨，是在柬埔寨的动物园中唯一一只人工饲养的大鸨。萨托以极高的拍摄手法和技巧，让我们完全看不出来人工的痕迹，但第98页那只红巨寄居蟹竟然找了一个玻璃螺壳状的人工装饰品作为自己的"居所"，这却让人忍俊不禁。萨托作为一位动物摄影师，他在拍照中对光线的追求尤其令我敬佩。与他相比，我自己拍下的图片完全担不起"摄影"二字，仅仅是比较注意构图的"照相"而已。

能读到如此精美的图书，还要特别感谢中文版的两位译者：綦敏博和胡晗。他和她都是研究生物进化的年轻学者，对动物既有丰富的科学知识，又充满执着的爱好追求。在重塑生物演化历程的学习和工作中，两位译者看过无数生物绝灭的故事，所以对本书中许多现代动物面临的濒危境地尤其关注，因此有持续的热情翻译乔尔·萨托的系列著作。这本书不仅延续了"影像方舟"一贯的传统，在精彩绝伦图片的指引下介绍许多鲜为人知的动物行为，而且在译著版本中还有一个对读者非常贴心的设计，就是给一些不太常见的汉字注音，如"柽（chēng）柳猴""雕鸮（xiāo）""沟齿鼩（qú）"，等等。

当读者掩卷之时，不仅认识了许多动物，还知道了一些不常用字的准确读音。当然，最重要的是，衷心希望大家能够更深刻地理解地球的生态系统，期盼与我们一路同行的每一种动物沿着它们在自然界的生活和演化轨迹，与人类共同拥有美好的未来。

中国科学院古脊椎动物与古人类研究所所长

邓涛

前 言

2005年9月的一天，当我正在执行美国《国家地理》的一项拍摄任务时，我接到了妻子凯西（Kathy）的电话。在电话那头，她说她将不再恳求我回家。她听上去并不愤怒，只是有些哀伤——她意识到了一个残酷的事实，那就是如果我再不离开阿拉斯加，我们的婚姻或许将走向终点。

那一刻对我来说仍历历在目：我站在卡克托维克（位于美国阿拉斯加州）的一间廉价汽车旅馆的大堂里，手拿一台付费电话，屋外骇人的暴风雨仿佛要掀翻我头上的铁皮房顶。大堂四处都在漏雨，电视也在刚刚短路了。我眼看着火星从电视中冒出又迅速被漏下的雨水浇灭，屋里因此弥漫着呛人的烟雾。我闭上眼睛试图全心投入到通话中，但还是几乎听不到凯西在说些什么。隔在我们之间的，是呼啸的风声，和望不见尽头的距离。

我请她再坚持坚持。我当时在阿拉斯加北坡地区艰难生活，当地的猎手一度只带回一条鲸鱼作为补给，更何况我仅是为了抵达那里，就已经花费了大量的时间和金钱。在听完我的"慷慨陈词"以后，她只是平静地说："乔尔，你每次都有我无法辩驳的理由。你当然可以继续你的工作，我只是想告诉你，如果你离家的时间永远多于在家的时间，这可能不是我想要的生活。现在是你要做出选择的时候了。"

我次日便飞回了家——这是我一生中做过的最正确

从我们最初的校园约会开始，我就已经意识到了乔尔的独特之处。这份独特多年来从未改变：只要他倾心于某事，就会全身心投入，毫无保留。他就像一只训练有素的猎犬，一旦开始狩猎，便会全神贯注、绝不分神，直至任务完成的那一刻。

——凯西·萨托

的选择之一。

我遇见凯西时我们都年仅21岁。我几乎是当即就意识到了她的完美，于是，我"先下手为强"，很快就求婚了。按内布拉斯加州人的话来说，我显然是"高娶"了：她头脑比我聪明，金色的长发更是令她散发着雕塑般的美感。她觉得我很幽默——这可是我当时唯一能引以为傲的东西了。

虽然难以置信，但那场暴风雨中凯西召唤我回家的一通电话，竟最终成了"影像方舟"项目诞生的契机。

我回到了林肯，凯西和我们3个年幼的孩子——科尔（Cole）、艾伦（Ellen）和斯潘塞（Spencer）正在

我曾在多米尼加共和国拿奶瓶喂过小美洲豹，也曾坐着直升机飞越莫桑比克的雨林峡谷。踏上这些旅途最棒的地方在于，我得以看见在世界上的各个角落里，物种怎样延续、人们如何生活。

——科尔·萨托

家中等我。当时我们最小的孩子才刚刚两岁，我在他们和工作之间义无反顾地选择了他们。我们决意要寻找到一条可以平衡工作与生活的新路径。

6周后，凯西发现右胸上有一个肿瘤。肿瘤不小，是癌症。凯西陷入了长期的困境之中——她经历了长达9个月的化疗和放疗。在此期间，我学会了如何护理重症病人，她常常虚弱得连话都说不出来。与此同时，我也学了如何承担起一个父亲的职责，如何整饬房子，以及如何欣然接受各路好友送过来的千层面。

在那个漫长的冬天里，当凯西和斯潘塞小憩时，我无数次徘徊在我们年代久远但通风舒畅的房子里，目光流连过墙上的画作和架上的书籍。在那里，奥杜邦（Audubon）的画册展示着他意识到的行将灭绝的鸟类，乔治·卡特林（George Catlin）的绘画作品和爱德华·柯蒂斯（Edward Curtis）的摄影作品则为美洲原住民留

下了宝贵的视觉资料，而他们也曾挣扎在消逝的边缘。

这3位艺术家不仅在记录难以挽回的消逝的生灵，同时也在赞颂曾经存在过的美好。那么，我是不是也可以为我这些年有幸得见的物种进行同样的记录和赞颂呢？尤其是那些名不见经传、从未站在聚光灯下的冷门物种。我的工作会拯救其中一些美丽的生灵吗？即便只是小鱼、麻雀、蛙和蜗牛。

待凯西成功击退病魔，这也许就是我的新方向。

凯西也确实痊愈了。直至今日她依然健健康康的，而当我转头回顾时，我们的婚姻已经走过了36年的时光。我还是经常出差，但有了更充分的理由，而且，在她觉得需要独处的时候，我不在她眼前晃悠其实可能更加明智。

你若是和凯西及孩子们谈及他们对于"影像方舟"项目的看法，他们会对这一计划不吝赞誉，但同时也会告诉你，他们可能更希望离这个难缠的"大漩涡"远一点——这是他们对于自己深入参与的"影像方舟"项目的别称。不过，在过往的这些年里，他们所有人其实都为这一计划做出了巨大的贡献，虽然有时候可能不那么心甘情愿。

我们的大儿子科尔今年27岁，热衷旅行。不过当我们在赶路时，我觉得他可能真得学学怎么保持安静了。科尔说："面对爸爸和面对作为你老板的爸爸，我经常会感到很难把握住其中微妙的平衡，有时候是真的很难。"如果你问他关于"影像方舟"项目最有趣的回忆，他的第一反应是"啥也没有"，但紧接着他就会忍不住

娓娓道来:"如何花钱,如何消耗资源,如何在日常生活中使用它们……如今在我的意识里,生活的方方面面都与自然世界息息相关。'影像方舟'不仅仅是那些令人动容的照片,它更是关乎'可持续生活方式'的指南。得以近距离目睹这些美丽的动物,真的可以让一个人意识到,在这个世界上,有些美危在旦夕。"

23 岁的艾伦同样对此五味杂陈。"我知道这项使命意义非凡,但这并不意味着身处其中时你会一直感到很愉快。比如 5 个人挤在一辆丰田小汽车里,头顶架着超过 2 米长的幕布卷筒,然后在这种环境中颠簸前行 8 个小时——这可能不是我想象中的'愉快'的家庭时光。从机场把我父亲所有的设备拖回家并扔进地下室,然后在他下次出门的时候再拖出来,循环往复……相信我,

上图:在谈到与"影像方舟"项目相关的工作时,科尔·萨托十分享受其中的一些经历——至于另一些,可能就不一定了

这可不是什么有意思的事情。"

不过接下来她会告诉你："但话说回来，'影像方舟'项目确实影响了并将在未来一直影响我，包括我与自己相处以及对待生活的方式。我的消费更加理智了，我尽可能地节约水和其他能源，我找了一份不会破坏地球的工作。'影像方舟'项目让我的生活井然有序，我相信自己可以一生都保持这样的良好状态。"

我们最小的儿子斯潘塞今年 17 岁。虽然他是全家中看上去最不可能追随我脚步的一个，但和其他家庭成员一样，他其实也在"影像方舟"项目中扮演了重要的角色。如果你问他其间最糟糕的时刻是什么，他会告诉你："太多了。不过最糟糕的可能是我们在捷克的动物园里度过的那几夜吧。当时，我们住在犀牛馆里，那里极其闷热，极其难闻。我们的耳畔一直回荡着奇怪的噪声，一开始我们以为是天花板上的风扇打到了铁皮管，但结果发现是犀牛一直在拿角敲打自己的栏舍。"

最后让我们回到凯西身上。她已经学会了如何处理"影像方舟"项目引发的各种状况，但这并不意味着她喜欢去处理它们。"生活中的所有事情都得排在'影像方舟'项目之后，"她说，"是真的'所有事情'。房子整修、婚丧嫁娶、吃饭、睡觉，所有事情。毕竟，乔尔有着无懈可击且我也十分认同的理由——这些事情必须

我会将爬上人行道的蚯蚓放回草丛中，会将误入我家的虫子放归室外，我还有一个为传粉昆虫准备的小花园。简而言之，和"影像方舟"项目一同长大，对我如何认识自己和如何认识世界，都有着巨大的影响。

——艾伦·萨托

有人立即去做，否则一些物种可能就要走向灭绝了。"

自从新冠病毒肆虐以来，我的活动范围被大大缩小——只有家里及其附近，导致我的家人必须忍受我天天在他们面前晃来晃去。不过即使如此，我还是尽力完成了超过 1 000 个物种的拍摄。这些物种以昆虫为主，它们本来也是数量最多的动物。截至目前，我们已经拍摄了多达 1 1250 个物种，而这一数目还在不断攀升。

我自始至终都在思考一个问题：为什么做这个项目？拍摄人类照护下的所有动物物种这一宏伟目标将会耗尽或者几乎耗尽我的整个余生，而与此同时，世界人口数量仍在呈指数级增长。

此时此刻，一个寒冷的 1 月清晨，我坐在家里的餐桌旁，给出了关于这个问题我能想到的最佳回答：风起于青蘋之末。当我们开始关心身边弱小的生命，这一点

左图：艾伦·萨托是个讲究人，她真诚地爱着她的爸爸以及他宏伟的使命，但不包括她爸爸工作时那些邋里邋遢的细节。这张照片里的我们正在美国艾奥瓦州西部进行一次昆虫拍摄任务，她在拍照时笑得如此甜美——可以说相当有当演员的天赋了

上图：作为唯一一个还和我们同住的孩子，斯潘塞·萨托如今成了那个负责把摄影器材从萨托家搬进搬出的"倒霉蛋"——他看上去难免有些不耐烦

微小的改变也许能促使更多人关注环境议题，例如改变消费习惯、保护雨林。当我们努力保护其他物种时，我们在保护的，其实是我们自己。

把父亲的器材尽数搬回家里，然后在他下次出发去机场时又把它们全都搬出来——这套流程实在是毫无乐趣可言。我不喜欢他那超过 20 千克的大行李包，一点也不喜欢。"影像方舟"项目真的是一项非常繁重的工作，但它应该身负着一个美好的使命吧，我猜。

——斯潘塞·萨托

而且，为一些小老鼠或者灰头土脸的小癞蛤蟆尽力求得一线生机，这虽然听上去微不足道，但却无疑是正确和高尚的。做这些事情带不来财富，但对于一想到自己生活的世界里每天都有物种在消失就无法忍受的人来说，向着正确的方向做出些许努力，也许能带来一丝宽慰。

至少对我来说，这一切我都甘之如饴。在牧场的晚风带走那濒危鸟儿的最后一首凄婉的哀歌之前，在山间流泉痛失即使在最暴虐的风雨中依然闪耀着红金色的本土鳟鱼之前，让我们停下脚步，扪心自问，然后行动起来。

为老虎和斑马募集资金与寻求支持会相对容易一些——它们显眼、美丽、闻名遐迩。但如何让公众认识并着迷于长吻针鼹（yǎn）、收获鼠、螯虾和蜘蛛猴，甚至是它们生活着的森林呢？如果把不同保护项目的难度比作不同高度的山峰，那后者大概是珠穆朗玛峰吧。

我们已经袖手旁观太久了，是时候行动起来，尽己所能，利用一切可以利用的资源与手段了。风起，就在此时此刻。

即使是面对高耸入云的珠穆朗玛峰，我们仍会全力攀登，步履不息。

乔尔·萨托
写于 2021 年

沙漠猫（*Felis margarita harrisoni*），无危

沙漠猫是世界上体型最小的野生猫科动物之一。它们生活在撒哈拉沙漠和其他极端的沙漠环境之中，而来自生活环境的挑战似乎对它们来说不足为惧——凭借出众的听力和嗅觉，它们会在夜色中猎捕有毒的蝰蛇和蜘蛛，并以此为食。

龙纹翡翠蜥（*Gastropholis prasina*），近危

这种色彩艳丽的绿色蜥蜴生活在肯尼亚和坦桑尼亚的森林、林地和滨海灌木丛里。行踪隐秘的它们只在白天活动，大部分时间都栖息在树木的枝杈上。

叉角羚半岛亚种（*Antilocapra americana peninsularis*），极危

叉角羚是西半球奔跑速度最快的哺乳动物，当它们在北美洲西部广袤无垠的平原和荒漠上全速冲刺时，时速可达 97 千米。一只叉角羚宝宝在出生仅仅几天后，就可以轻轻松松跑赢人类。

美笠鳚（wèi）（*Chirolophis nugator*），未予评估

这种令人惊叹的鱼类生活在太平洋东部的近岸地带，从阿留申群岛到
美国南加州的沿海水域，你都可以看到它们。它们属于线鳚科，线鳚
是一类背上长有棘刺的鱼，这一类群的英文俗名"prickleback"也正是
得名于此特征。

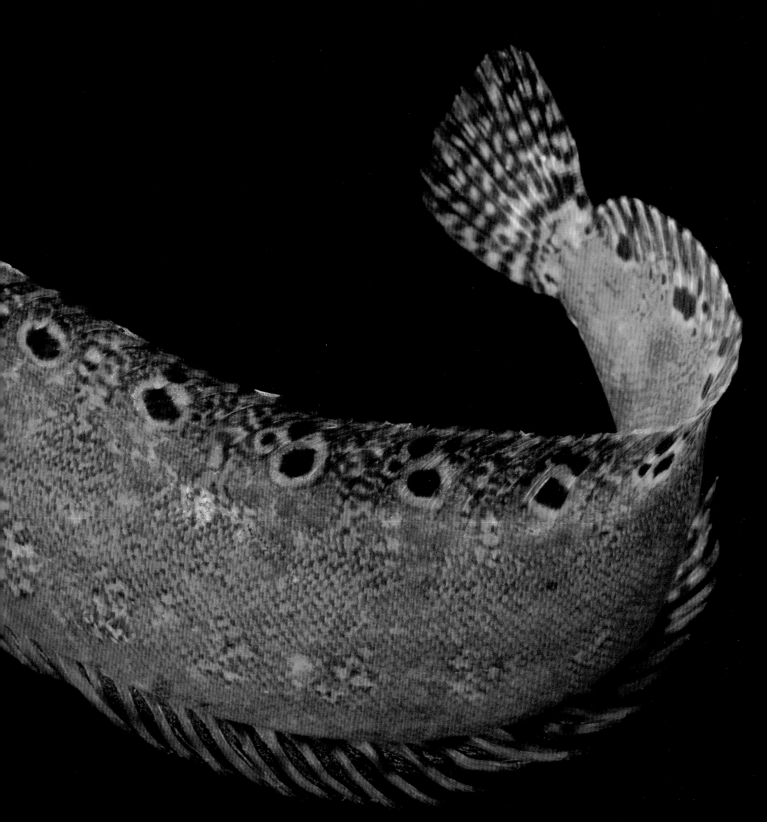

白颊长臂猿（*Nomascus leucogenys*），极危

随着这只雄性幼年白颊长臂猿不断长大，它的毛色会逐渐变为黑色。与此同时，它还会不断学习如何和同类社交、玩耍，给自己理毛以及觅食等一系列技能。白颊长臂猿主要生活在树上，那长着弯钩状指甲的大手正是适应于这一生活方式的特征之一。

CONTENTS / 目 录

第一章

形状
Shape

轮廓

优雅的曲线，漂亮的抛物线，高挑或矮胖，舒展或蜷缩——千姿百态的形状定义了生物。有些形状具有伪装作用：有的螳螂轻薄如纸，乍一看好似一片叶子；有的猴子竖起毛发时看起来远远大于它真实的体型；体表疙疙瘩瘩的白斑躄（bì）鱼在静止时仿佛是一大块珊瑚。有些形状则是对生存环境的适应：大埃及跳鼠善于跳跃的后肢能让它们在面对捕食者时快速逃跑；大鹮（huán）的长喙则是它们在沼泽地捕鱼时最称心如意的工具。有些形状辨识度极高：长颈鹿拥有标志性的长脖子、脑袋上独特的小角和嘴唇；月形天蚕蛾的翅膀优雅迷人。有些形状则难以识别：巨鼋（yuán）的躯干硕大无比，但在形态上没有突出特征；海葵的触须随洋流静静摇曳，我们无法捕捉它确切的模样。

形状定义了生物，甚至有些动物的生存就依赖于它们高超的变形能力。与受限在自己甲壳里的亲戚们不同，寄居蟹能适应各种形状的容器；黑身管鼻鲀（chún）平时紧紧地蜷缩在水下岩缝之中，只有当它猛地冲出藏身处、扭动着游过时，它细长的带状身体才会完全展开。

形状是一种基本而重要的特质，由各种意想不到的特征组合而成，并将各种生物区分开来。通过辨识形状，我们能够鉴定出许多动物，在鉴定出它们之后，我们继而能依据形状对它们进行更深入的研究。

第 22~23 页图：紫色球海胆（*Strongylocentrotus purpuratus*），未予评估
第 24 页图：大红鹳（*Phoenicopterus roseus*），无危

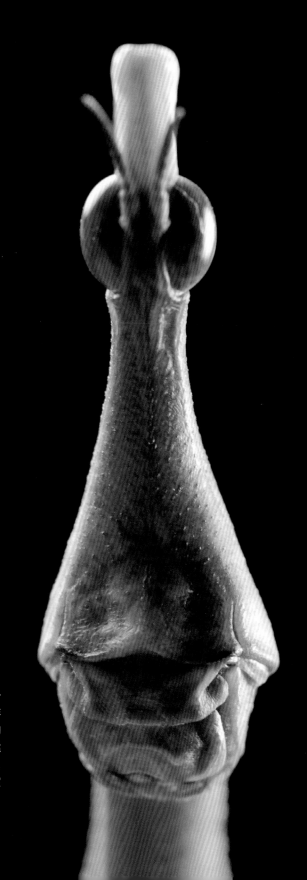

枝蝗（*Stiphra sp.*），未予评估

外星人般的头部，向外凸起的眼睛，这一切都使得这种来自南美洲的昆虫看起来非常奇特。这种组合使枝蝗获得了全景式的视野，帮助它们观察雨林环境。作为蚱蜢的近亲，它们可以用自己"能屈能伸"、被称为"跳跃足"的后肢跳过树枝间的空隙，寻找鲜嫩多汁的叶子。

圆眼珍珠蛙（*Lepidobatrachus laevis*），无危

这种胖乎乎的蛙类生活在南美洲半干旱的大查科平原上。作为一种伏击捕食者，平时它们的身体都潜没在季节性池沼中，只露出两只闪闪发光的眼睛。昆虫、蜗牛以及任何进入它们"血盆大口"攻击范围的小动物，都会被一口吞下。

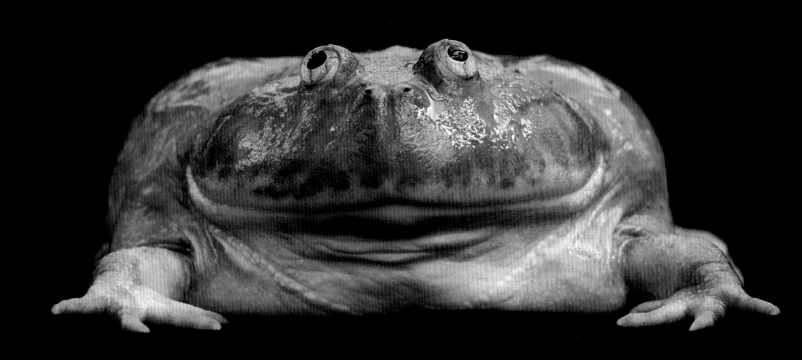

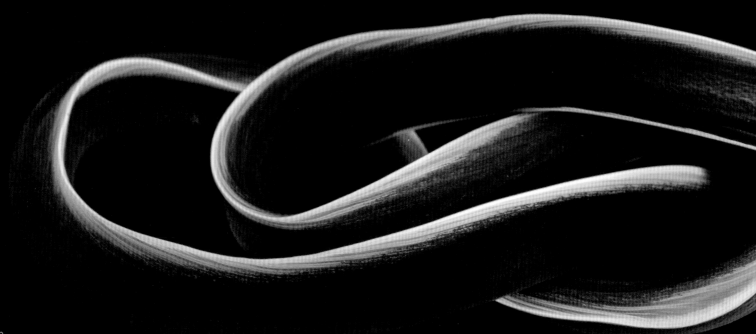

黑身管鼻鲀是一种"顺序性雌雄同体"的鱼类。

刚出生的黑身管鼻鲀都是雄性，而它们最终会转变成

雌性。

那时，它们已经达到了能够安全繁殖的体型。

黑身管鼻鳝（*Rhinomuraena quaesita*），无危

这种鳗鱼的幼鱼生活在太平洋海域的珊瑚礁中，人们可以通过其独特的巨大鼻孔和布满触须的下颌轻易识别它们。黑身管鼻鳝的性别在一生中的不同阶段会发生变化，随着年龄的增长，它们会由雄性变为雌性。在此过程中，它们的颜色也会发生改变。雌性黑身管鼻鳝通体呈黄色。

赤掌柽（chēng）柳猴（*Saguinus midas*），无危

这种有着杂技演员般矫健身手的灵长类动物长相十分奇特——颜色醒目的皮毛和长且弯曲的爪子令它们的手脚十分显眼。不过，它们的手脚可不只是装饰：赤掌柽柳猴非凡的四肢关节能够吸收巨大的冲击力，让它们可以从高约 18 米的树冠跃至地面而不会摔伤。

夜猴（*Aotus trivirgatus*），无危

在夜幕的笼罩下，夜猴穿梭在亚马孙雨林高大的树梢之间。它们用好似猫头鹰般的黑色大眼睛进行观察，用长长的尾巴辅助平衡。夜猴每晚都遵循着同样的觅食路线——在皎洁的月色下经过反复演练的它们早已对此了如指掌。

世界上有大约 10 000 种螃蟹，它们体型各异，最小的身长只有约 2.5 厘米，而最大的身长则将近 4 米。螃蟹大多生活在水中或者近水环境中，长着标志性的大蟹钳，体色多种多样。

最上一行，从左到右：万圣节蟹（*Gecarcinus lateralis*），未予评估；肝蟹（*Hepatus epheliticus*），未予评估；斑点瓷蟹（*Porcellana sayana*），未予评估；

中间一行，从左到右：螯孔冠石蟹（*Lopholithodes foraminatus*），未予评估；红斑新岩瓷蟹（*Neopetrolisthes maculatus*），未予评估；奥氏后相手蟹（*Metasesarma aubryi*），未予评估；

最下一行，从左到右：小蓝蟹（*Callinectes similis*），未予评估；皮尤吉特湾王蟹（*Lopholithodes mandtii*），未予评估；赞氏梭子蟹（*Achelous xantusii*），未予评估。

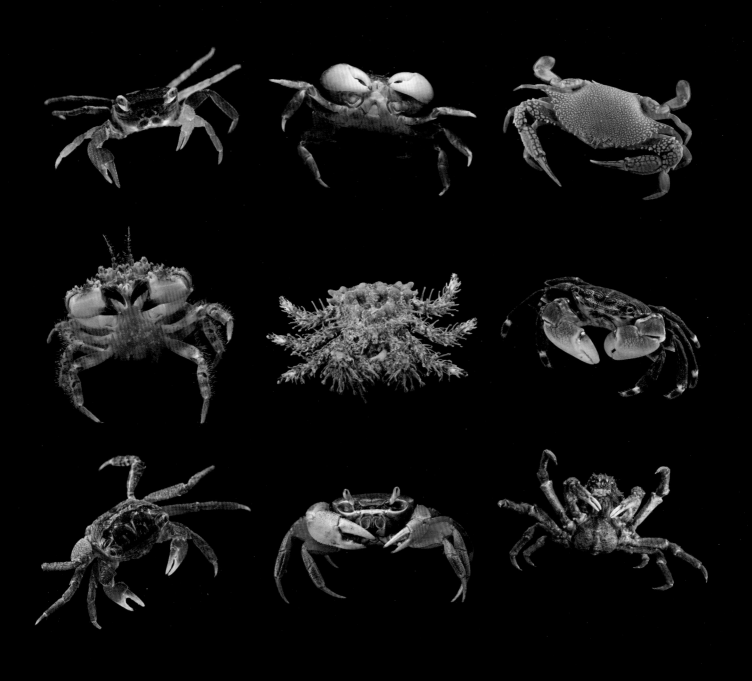

最上一行，从左到右：吸血鬼蟹（*Geosesarma dennerle*），未予评估；紫色沼泽蟹（*Sesarma reticulatum*），未予评估；斑点梭子蟹（*Arenaeus cribrarius*），未予评估；

中间一行，从左到右：俾（bǐ）格米石蟹（*Glebocarcinus oregeonensis*），未予评估；心蟹（*Phyllolithodes papillosus*），未予评估；粗腿厚纹蟹（*Pachygrapsus crassipes*），未予评估；

最下一行，从左到右：莫氏假相手蟹（*Pseudosesarma moeshi*），未予评估；非洲彩虹蟹（*Cardisoma armatum*），未予评估；绵羊蟹（*Loxorhynchus grandis*），未予评估。

鼋（*Pelochelys cantorii*），濒危

这种笨重的、其貌不扬的淡水龟鳖类动物也许无法在任何选美比赛中胜出，但它们的长相却完美适应了这种潜伏在淤泥中的生活方式。这种动物所属的演化支（鳖科）自诞生以来已经历了大约 1.4 亿年的漫长岁月，可如今，这种生活在东南亚及东亚的物种正濒临灭绝。

被遗忘的珍宝

那天我们正在马来西亚的一个动物园中，盯着爬虫馆大厅里的一个金鱼池发呆。突然间，我的同事皮埃尔·德夏巴纳（Pierre de Chabannes）发现淤泥中埋着一个几乎和窨井盖一样大的圆形物体。他说："我们把这个大家伙掀起来看看究竟是个什么吧！"我当时一头雾水，但还是从门卫的壁橱里找来了一把扫帚。当我稍稍撬起那个神秘物体时，皮埃尔瞥见了那个家伙的真容：那是一只巨大的、浑身裹泥带水的生物。几乎是刹那间，他就辨认出了这是一只鼋——一种巨大的鳖。这种爬行动物极其稀有，我们眼前的很有可能是唯一一只动物园豢养的个体。后来我们得知，这只鼋是 15 年前由一位渔民捐献给动物园的。不过，大部分员工从未见过、甚至从不知道自己养金鱼的池塘中还生活着这样一只庞然大物——大家只是偶尔困惑，为什么辛苦喂养的金鱼总是莫名其妙就消失了。

美洲鲎（hòu）（*Limulus polyphemus*），易危

这种长相非常古老的节肢动物有着马蹄般弧线形的外观，已经在地球的海洋中存在了 4.5 亿年之久。它们长着 10 条腿和 10 只眼睛（其中有几只眼睛专门用于感受月光的变化），以及一条虽然很尖利但其实毫无攻击性的尾巴——这条尾巴让它们在一不小心仰面朝天时能够给自己翻个身，恢复到正常的姿态。

灌林菊头蝠（*Rhinolophus virgo*），无危

这种蝙蝠的脸上长有一个被称为"鼻叶"的马蹄形附属结构。科学家们经过分析认为，这个奇特的结构可以协助回声定位——呈盾牌状的鼻叶可以令它们更精准有效地发出超声波，使其在定位和追捕昆虫时更为高效。

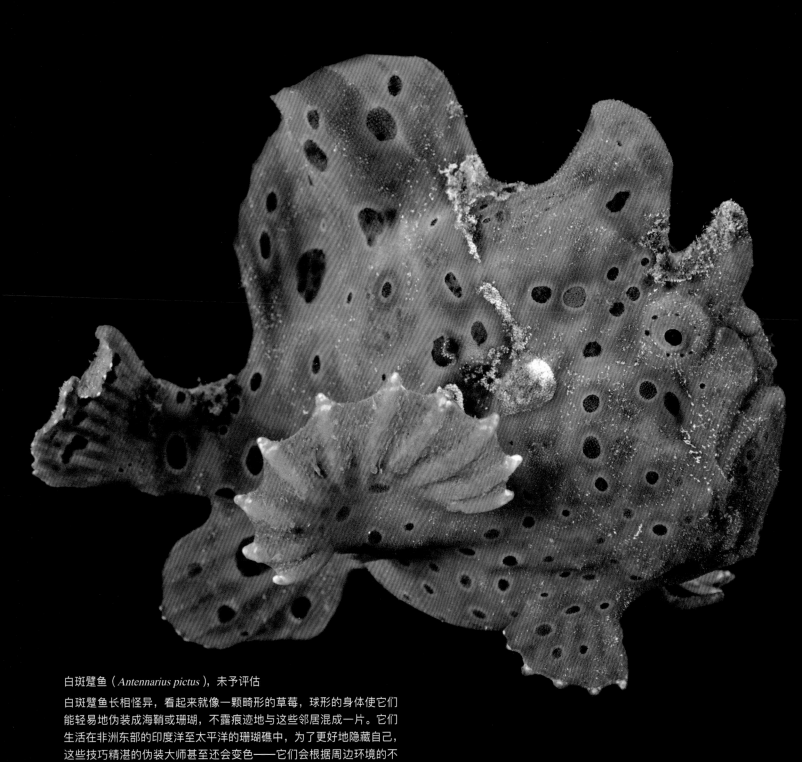

白斑躄鱼（*Antennarius pictus*），未予评估

白斑躄鱼长相怪异，看起来就像一颗畸形的草莓，球形的身体使它们
能轻易地伪装成海鞘或珊瑚，不露痕迹地与这些邻居混成一片。它们
生活在非洲东部的印度洋至太平洋的珊瑚礁中，为了更好地隐藏自己，
这些技巧精湛的伪装大师甚至还会变色——它们会根据周边环境的不
同，把自己变成奶油色、粉色、黄色、褐色等各种颜色。

佛罗里达假珊瑚（*Ricordea florida*），未予评估

你觉得它是什么？珊瑚？海葵？其实都不是，这是一种生活在动荡的
沿岸浅水环境中的动物，形态既像珊瑚又像海葵。它们附着在岩石或
是死去的珊瑚上，使用遍布全身的气泡状触手捕捉食物。

罗氏长颈鹿（*Giraffa camelopardalis rothschildi*），近危

网纹长颈鹿（*Giraffa camelopardalis reticulata*），濒危

长颈鹿大概是最为人所熟知的动物之一了：它们的脖子很长，耳朵朝向两侧，头顶还长着一对覆盖了毛发的皮骨角。长颈鹿的睡姿相当特别：它们在睡觉时会保持站立，将脖子拱起并弯向身后，并把头靠在自己的后腿上。

褐喉三趾树懒（*Bradypus variegatus*），无危

别看它们长着唬人的大爪子，这种生活在中南美洲热带雨林里的树懒其实是一种行动十分缓慢的树栖动物。它们非常和善，人畜无害，每天有 16 个小时都在忙着打盹儿。褐喉三趾树懒的前肢长度是后肢的两倍，长长的爪子可以防止它们在树上攀爬和悬挂时不慎滑落。

河伪龟（*Pseudemys concinna*），无危

河伪龟分布于美国东南部。在繁殖季节期间，雄龟会用它们长长的大爪子爱抚雌龟的面部和背甲。

马岛猬（wèi）是唯一靠摩擦发声进行交流的哺乳动物，

它们拥有一种长着特殊

刺毛

的发声器官。

当马岛猬振动发声器官时，刺毛会互相摩擦并发出

声音——这种奇特的交流方式在蟋蟀中相当常见。

低地条纹马岛猬（*Hemicentetes semispinosus*），无危

低地条纹马岛猬是马达加斯加的特有物种。它们形如鼹鼠，体型虽小却相当好斗。这些看起来毛茸茸、很可爱的动物有时会以一种相当可怕的方式使用自己锋利的尖刺：如果雌性低地条纹马岛猬尚未准备好交配，它就会把刺扎进向自己求偶的雄性的生殖器中。

鬃狼（*Chrysocyon brachyurus*），近危

这种分布于中南美洲的狼有着纤细瘦长的四肢，使得它们可以毫不费力地在茂盛的草地和灌木林中四处漫步，搜寻猎物。它们身体的每一个部分似乎都被拉长了：长长的吻部、高高竖起的耳朵以及比前腿还要长的后腿。

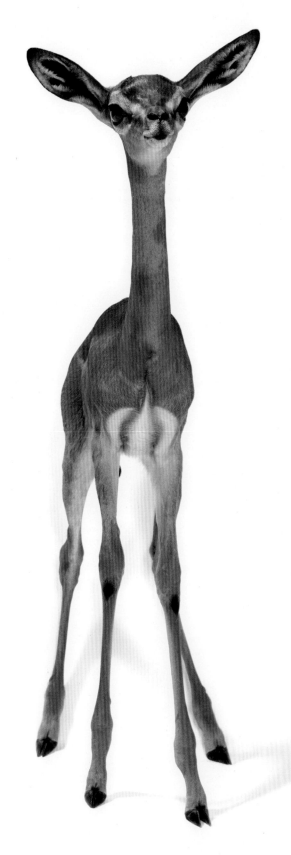

长颈羚（*Litocranius walleri*），近危

长颈羚分布于非洲东部，它们可以利用纤细修长的后肢直立起来，伸长脖子进行取食。这种特殊的能力使它们可以够到更高的树梢，吃到其他羚羊吃不到的鲜美嫩叶。人们曾在一只长颈羚的胃中发现了80多种不同的植物！

马来雕鸮（xiāo）（*Bubo sumatranus strepitans*），无危
这只巨大的马来雕鸮有着向外倾斜的耳簇，褐色的羽
毛从头部向下蓬松地覆盖了整个身体。马来雕鸮生活
在马来西亚和印度尼西亚的部分地区。人们认为它们
会和同一伴侣厮守终生，并常年生活在同一片筑巢区。

角囊蛙（*Gastrotheca cornuta*），濒危

这种珍稀的蛙类生活在中美洲的热带雨林中。它们金色的眼睛上方长着一对像角一般的三角形皮肤突起，但这还不是它们全部的奇特之处：角囊蛙的卵是在雌蛙背部的"育儿囊"中发育的，卵中孵出来的不是小蝌蚪，而是已经完全长成的幼蛙。

大砗（chē）磲（qú）（*Tridacna gigas*），易危

大砗磲是世界上最大的软体动物之一，它们的重量可达 200 千克，最大的个体长约 1.2 米。这只大砗磲从扇形的外壳中探出了色彩斑斓、布满斑点的波浪状外套膜——世界上没有任何两只大砗磲的色彩和花纹是完全相同的。

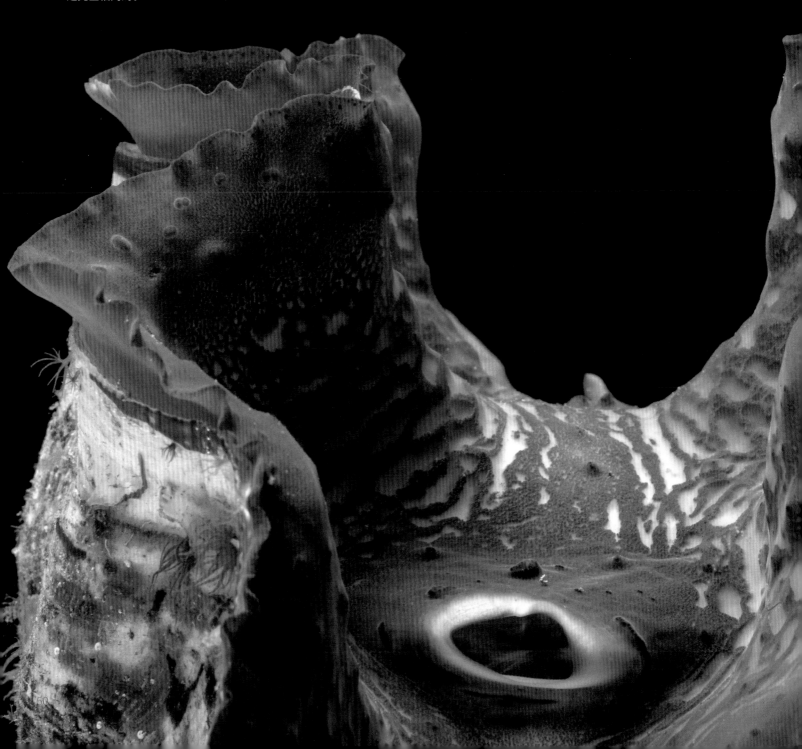

最漫长的一天

　　为了和我一起旅行，我女儿艾伦特意从大学休学了一个学期。在结束了穿越菲律宾的艰苦旅程后，我们来到一处海洋自然保护区拍摄大砗磲。那天早晨，我十分不明智地吃了几勺常温的咸牛肉土豆泥，到了下午我的肚子便开始疼得厉害——但我们所在的海洋实验室只有一个卫生间，而且它的水箱需要整整 20 分钟才能重新装满水！我非常难受，当工作人员一个接一个地拿出大砗磲时，我只能痛苦地蜷缩在冰凉的瓷砖地板上。艾伦只好一次次地帮我把大砗磲放到展示水箱里，然后过来喊我。我勉强起身，拍完照片，然后再以胎儿般的姿势蜷缩在地板上。那天我们只拍了 4 只大砗磲，但我感觉度日如年！到了傍晚时分，我才有所好转。自此以后，艾伦只会在我把相机留在家时，才愿意和我一起旅行了。

金头乌叶猴（*Trachypithecus poliocephalus*），极危

心形的脸、浑圆的眼睛以及圆锥状的金黄色蓬松毛发赋予了这只金头乌叶猴引人注目的容貌。它是世界上最稀有的灵长类动物之一；这个物种目前仅存数十只，它们在越南的吉婆岛上过着岌岌可危的生活。

海地沟齿鼩（qú）（*Solenodon paradoxus paradoxus*），无危

它们形状可怕的门齿不仅十分锋利，而且有着致命的危险。海地沟齿鼩是世界上仅有的几种有毒的哺乳动物之一，"沟齿鼩"这个名字意味着它们拥有"带有沟槽的牙齿"——通过尖利下牙中的沟槽，它们可以向猎物体内注入致命的毒液。

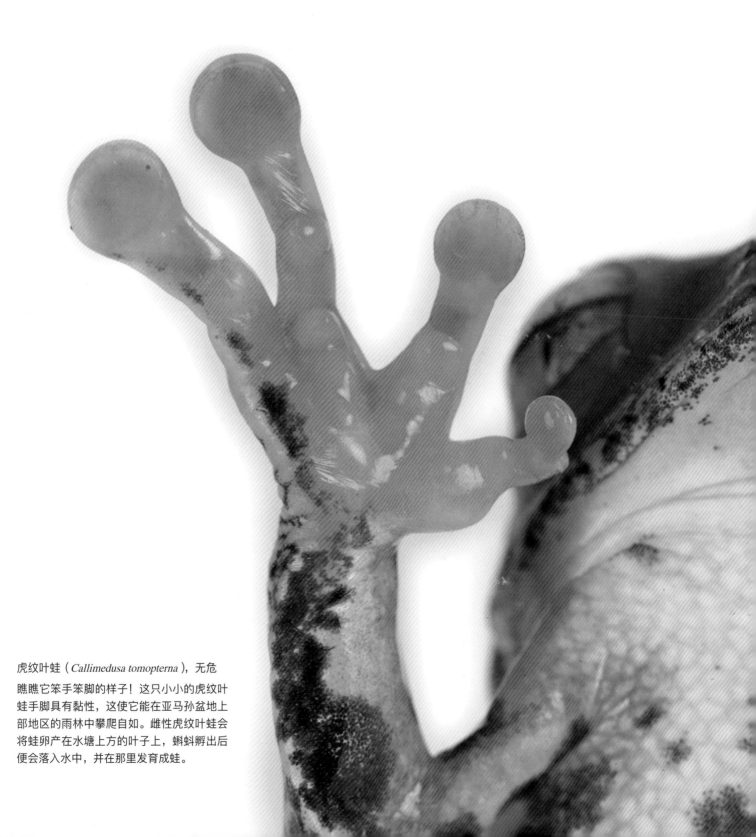

虎纹叶蛙（*Callimedusa tomopterna*），无危

瞧瞧它笨手笨脚的样子！这只小小的虎纹叶蛙手脚具有黏性，这使它能在亚马孙盆地上部地区的雨林中攀爬自如。雌性虎纹叶蛙会将蛙卵产在水塘上方的叶子上，蝌蚪孵出后便会落入水中，并在那里发育成蛙。

蛇是冷血动物，浑身覆盖着鳞片。它们有着分叉的舌头，喜欢将猎物整个吞下。在全世界 3 000 多种蛇中，仅有约 200 种会分泌能够杀死或严重威胁人类生命的毒液。

最上一行，从左到右：红色玉米锦蛇（*Pantherophis guttatus*），无危；斯氏星蟒（*Antaresia stimsoni*），无危；紫灰锦蛇宽斑亚种（*Oreocryptophis porphyraceus laticinctus*），未予评估；

中间一行，从左到右：东部黑颈束带蛇（*Thamnophis cyrtopsis ocellatus*），无危；锡纳奶蛇（*Lampropeltis polyzona*），未予评估；圣卡特里纳岛响尾蛇（*Crotalus catalinensis*），极危；

最下一行，从左到右：剑纹带蛇旧金山亚种（*Thamnophis sirtalis tetrataenia*），无危；厄瓜多尔奶蛇（*Lampropeltis micropholis*），未予评估；地中海钝鼻蝰图兰亚种（*Macrovipera lebetina turanica*），未予评估。

最上一行，从左到右：中西部蠕蛇（*Carphophis amoenus helenae*），无危；大眼竹叶青（*Trimeresurus macrops*），无危；东部沙蝰（*Vipera ammodytes meridionalis*），无危；

中间一行，从左到右：墨西哥虎纹鼠蛇（*Spilotes pullatus mexicanus*），无危；玫瑰蟒（*Lichanura trivirgata trivirgata*），无危；圣迭戈牛蛇（*Pituophis catenifer annectens*），无危；

最下一行，从左到右：红射毒眼镜蛇（*Naja pallida*），未予评估；粗鳞矛头蝮（*Bothrops asper*），未予评估；新维德拟蚺（rán）（*Pseudoboa neuwiedii*），无危。

大鳄龟（*Macrochelys temminckii*），易危
尖刺状的鳞片和锋利的喙使这种产自美国东南部的淡水龟看起来既凶
残又原始。利用蠕虫状的舌头作为诱饵，大鳄龟可以引诱鱼类上钩（鱼
类是它们的主要食物），不过有时大鳄龟也能"放倒"一些粗心大意的
浣熊和犰（qiú）狳（yú）来换换口味。

眼镜凯门鳄（*Caiman crocodilus crocodilus*），无危

鸟、哺乳动物、鱼、蜥蜴、螺、螃蟹、昆虫、腐肉——几乎一切能在拉丁美洲和部分加勒比地区的河流与其他湿地中能找到的食物，统统都逃不过这只鳄鱼的血盆大口和可怕的利齿。它们的食谱中有着上百种猎物。

这种和鸸（ér）鹋（miáo）、鸵鸟亲缘关系很近，且同样失去了飞行能力的小型鸟类叫作几维鸟，它们因奇特的鼻子闻名于世。它们的

鼻孔 位于喙部的尖端，

这种特殊的结构方便它们嗅出藏匿在地下的猎物，

比如蚯蚓。

北岛褐几维鸟（*Apteryx mantelli*），易危

北岛褐几维鸟仅分布于新西兰的北部岛屿，身材矮胖的它们可以完成一个非凡的繁殖壮举：雌性北岛褐几维鸟能够产出一个几乎占自身体重 15% 的巨大鸟蛋。

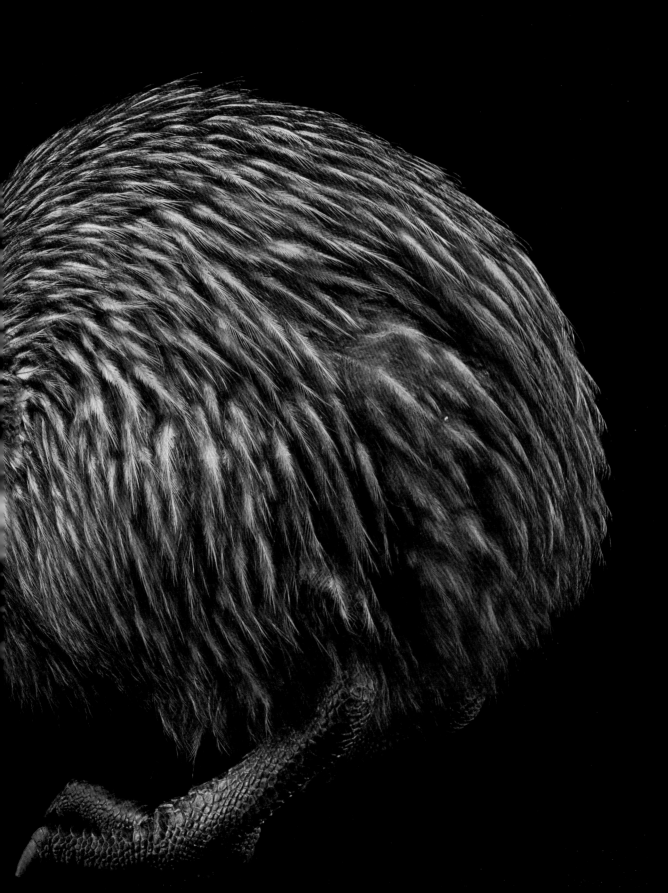

步甲幼虫（*Dicaelus* sp.），未予评估

图中这种体态修长的步甲幼虫以其他昆虫为食。它们在土壤中穿行，
用钳子般的口器压碎猎物。它们分布于北美洲东部，成虫一般栖息于
石块和原木下。

东部蓝舌石龙子（*Tiliqua scincoides scincoides*），无危

这种原产自澳大利亚的蜥蜴看起来就像一个带条纹、长了短腿的圆筒，不善攀爬的它们很少会远离自己居住的空心木头。在面临危险时，东部蓝舌石龙子会膨胀身体并发出"嘶嘶"的威吓声；当情况特别危急时，它们还会断尾逃生，而断掉的尾巴会重新长出来。

蓝斑条尾魟（hóng）（*Taeniura lymma*），近危

这种魟的尾巴几乎和它们卵圆形的身体一样长，尖端生有两根有毒的
尖刺。蓝斑条尾魟是卵胎生的动物，当幼魟从卵囊中孵化出来时，它
们仍处于母亲体内，此时它们的尾巴很柔软，并被皮肤包裹。只有在
离开母体之后，它们的尾巴才逐渐硬化。

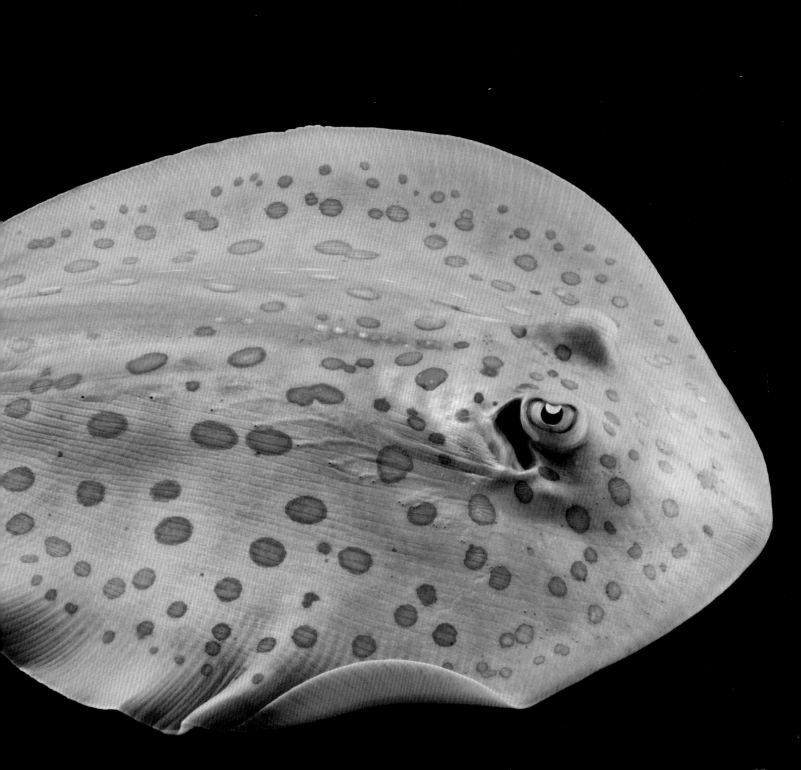

月形天蚕蛾（*Actias luna*），未予评估
这种来自北美洲的大飞蛾形态十分优雅，它们的后翅末端
悬着两条稍稍卷曲的"尾巴"，看起来就像一个用足尖站立
的芭蕾舞女演员。不过月形天蚕蛾那长长的后翅可不只是
为了好看：这种特殊的翅膀结构可以干扰和迷惑那些以它
们为食的蝙蝠。

维氏盘羊（*Ovis vignei arkal*），易危

这是一种生活在中亚的野羊，缀有波状纹路的巨大羊角在脸部的外缘形成了壮观的螺旋形。公羊通过打斗的方式来决定各自在羊群中的地位：它们会用后腿直立起身体，然后突然向前猛冲，在可怕的撞击声中抵角相斗。

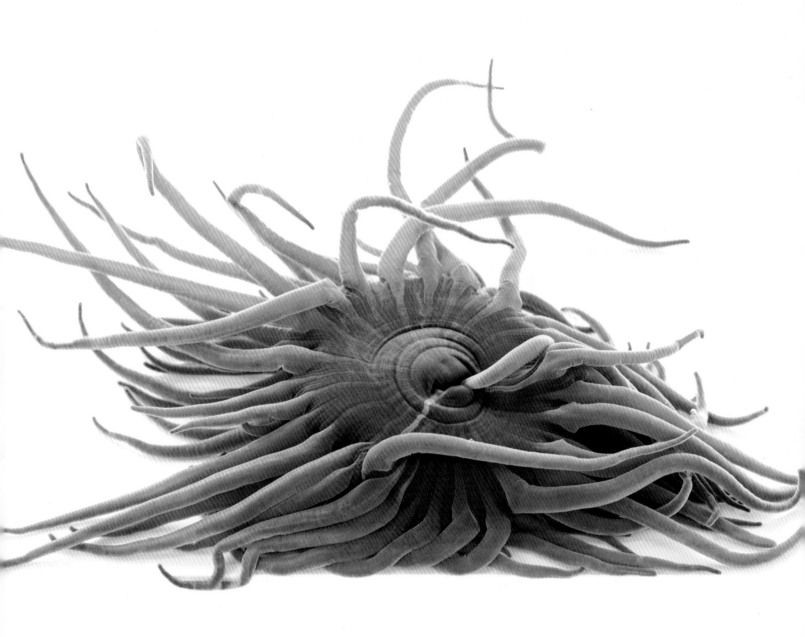

地中海蛇锁海葵（*Anemonia viridis*），无危

这种产自大西洋和地中海的海葵长得就像一大盘乱糟糟的意大利面。
它们长有超过 200 根带黏液和刺的触手，这使它们可以捕食海生腹足
动物、鱼、虾等其他海葵无法捕捉的猎物。

金色波兰鸡（*Gallus gallus domesticus*），无危

这种鸡头上蓬乱的羽冠让它们看起来怪模怪样的。在你眼里，它们究竟是有着高贵帝王般的庄严，还是只有疏于打理的流浪汉般的凌乱？它们并不产自波兰，之所以有这样的名字，是因为它们夸张的羽冠很像波兰士兵们曾戴过的精致羽毛帽。

付诸东流

  印度尼西亚有着令人惊叹的物种多样性。有一次我带着两个任务前往此处：为"影像方舟"项目拍摄更多的珍贵照片，以及为婆罗犀"帕胡"（Pahu）拍照——它是一只被人类捕获并圈养的婆罗犀。那趟旅程相当顺利，在大约两周半的时间里，我们拍摄到了数十种珍稀鸟类、数种体型各异的哺乳动物以及犀牛"帕胡"。这其中的不少生物也许是它们濒临灭绝的族群中的最后成员了。当地的网络信号相当糟糕，因此我仅能将为数不多的几张照片传回家中——包括一只罕见的被人类圈养的长吻针鼹、一头婆罗洲马来熊以及"帕胡"的照片。在巴厘岛的机场，一个小偷趁我吃三明治放松警惕之时，在我眼皮底下偷走了我的相机包。那个包里放着我的相机、现金、护照，以及储存着本次旅行中我拍到的所有照片的硬盘。我始终没能找回我的相机包。这是我摄影生涯中唯一的一次空手而归。

婆罗犀（*Dicerorhinus sumatrensis harrissoni*），极危
苏门答腊犀头上的小角曾被偷猎者认为具有药用价值，由此招致了杀身之祸。在偷猎者们疯狂的盗猎下，如今，它们的野外种群数量已不足百头。婆罗犀这个仅分布于婆罗洲的苏门答腊犀亚种更是几近灭绝。它们是那些生活在距今 1500 万年前最原始的犀牛唯一现存的亲缘物种。

莱氏狷（juàn）羚（*Alcelaphus buselaphus lelwel*），濒危

细长的角，狭长的头，纤长的腿……这种非洲羚羊身体
的各部分都像是被拉长了一般，一切皆为速度而生。机
敏而灵巧的它们能够以高达约 64 千米的时速在广阔的平
原上飞奔。

秘鲁绿金马陆（*Orthoporus* sp.），未予评估

这种生活在沙漠环境的马陆主要以腐败的植物为食。为了躲避地表的高温和干燥的环境，它们会深挖洞穴，然后在地下深处的潮湿土壤中活动。当遭遇捕食者时，它们会将身体紧紧蜷曲成一个小球，并释放出有毒的分泌物来进行防御。

椰子蟹是世界上最大的陆生甲壳动物，

它们能长到约

1 米 长，

重量可达约 4 千克。

椰子蟹（*Birgus latro*），易危

查尔斯·达尔文（Charles Darwin）曾用"如怪物一般"来形容椰子蟹
巨大的体型。椰子蟹又名强盗蟹，寿命可长达 60 年。一对强壮有力的
蟹螯使它们能够攀上高高的椰子树摘取椰子、猎杀海鸟，甚至与同类
自相残杀。

刀背麝（shè）香龟（*Sternotherus carinatus*），无危

如果我们把龟的背甲比喻为它们的家，那这种生活在美国南部的淡水龟显然是选了一顶帐篷或是一艘倒扣的船来当家。刀背麝香龟的背甲中脊高耸，两侧向下倾斜，整体外观如同三角形的屋脊。

山貘（mò）（*Tapirus pinchaque*），濒危

这种分布于安第斯山脉高海拔地区的貘的鼻子（准确来说应该是向外延伸的嘴唇和口鼻部）看起来就大有用处，事实也的确如此。宽阔的鼻孔令这些毛茸茸的、矮矮胖胖的动物有着相当敏锐的嗅觉，对它们觅食大有帮助。另外，它们的鼻子还可以在取食时协助抓取树叶。

翠叶红颈凤蝶（*Trogonoptera brookiana*），无危

翠叶红颈凤蝶宽阔而笔直的翅膀上闪烁着绿色的金属光泽——它们看起来就像一架锃亮的、随时准备直冲云霄的喷气机。这种蝴蝶分布于泰国、马来西亚和印度尼西亚等地。它们是强健的飞行高手，只需要扇动几次翅膀，就可以轻松地飞越一条河流。

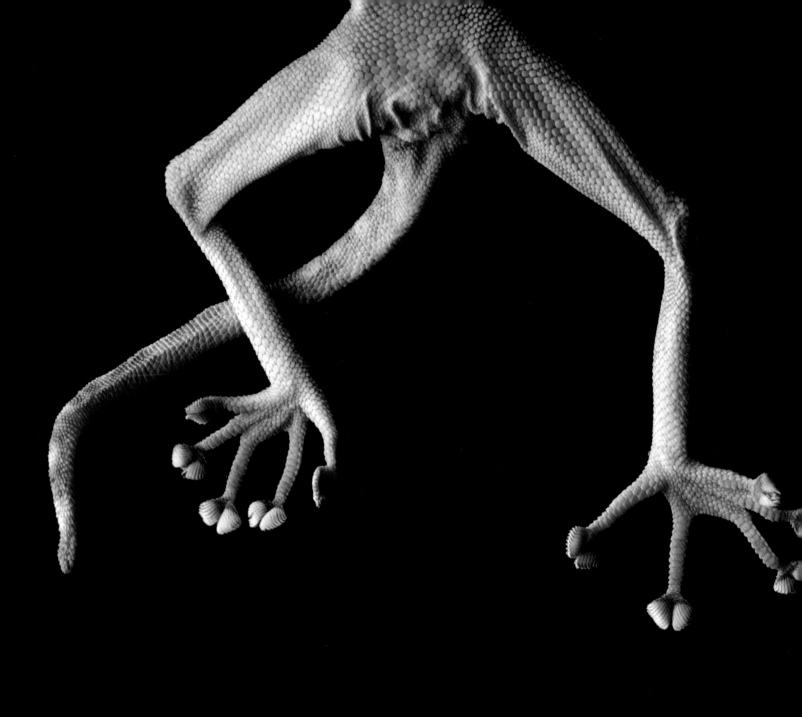

扇趾守宫（*Ptyodactylus hasselquistii*），未予评估

扇趾守宫一生中的绝大部分时间都在几乎与地面垂直的陡峭岩壁上活
动。对于这样的动物而言，拥有这种特殊形状的足趾是非常必要的。
这种壁虎生活在北非和亚洲西部的干燥地区的巨石之间。

大牛头犬蝠（*Noctilio leporinus*），无危
这种蝙蝠可以飞得很低，能快速飞掠水面，利用回声定位寻找小鱼。发现目标后，它们会将形似鹰爪的后爪从水中"犁"过，用锋利的爪子钩住猎物。之后它们会立刻开始大口咀嚼，并将嚼碎的鱼肉浆储存在颊囊中，然后继续下一轮狩猎。

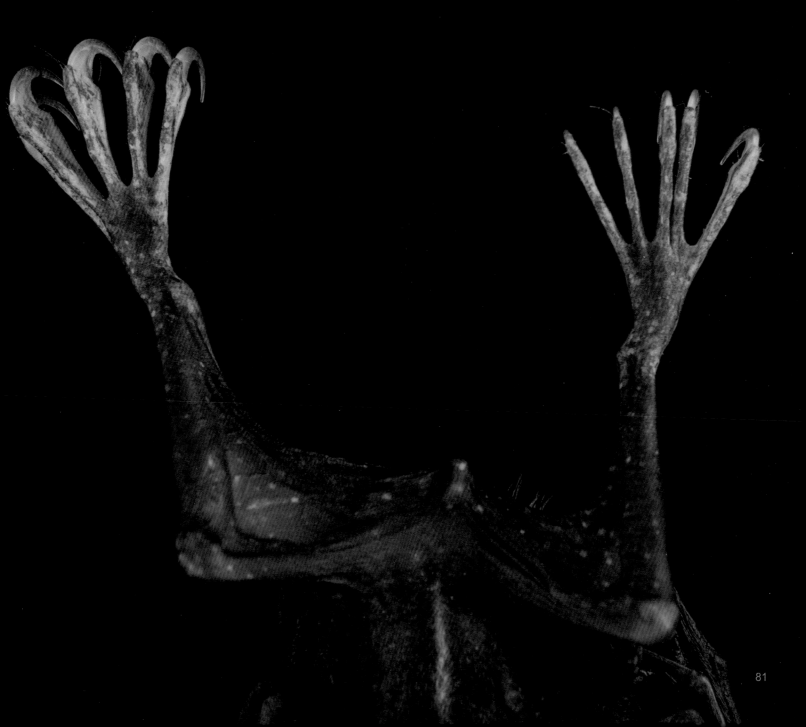

大鹮（*Thaumatibis gigantea*），极危

大鹮是世界上体型最大的鹮科鸟类，它们有着惊人的巨大体型和独特的外貌，其目前极其严峻的生存状况令人担忧不已。它们在东南亚的低地森林中过着隐居生活，在人迹罕至的池塘中觅食，用长长的、弯曲的喙捕食蠕虫、鳗鱼、青蛙等。

一个远去的世界

　　柬埔寨是我某次东南亚之旅的第一站。因为此行目的是要拍摄世界上唯一一只人工饲养的大鸨，我的心情十分激动。然而当时我的父亲状态不佳，甚至可能不久于人世。他不幸罹患了阿尔茨海默病，我确信他那时已经完全不认识我了。不过，在我出发前去见他最后一面时，他竟然叫出了我的名字，这是多年来不曾发生过的事情！我记得他说："乔尔，我希望你能休息休息。"那天离开他时，我完全无法控制难过的心情，任由泪水夺眶而出。

　　那次的拍摄任务十分艰巨，我们计划拜访整个东南亚地区的 20 多家动物园。考虑到当时父亲已经保持这个状态好几个月了，我最终还是启程了——我相信当自己归来之时父亲一定还健在。我们在柬埔寨如愿拍到了大鸨，接着我乘机飞往马来西亚。然而在当天晚上，我收到了父亲去世的消息。当我听到这个消息时，仿佛万箭穿心。

　　直至如今，只要回想起那个时刻，我都会再次体验一遍当时的痛苦。我环游世界追寻梦想，但未曾料到命运为此标注的代价如此之巨大。

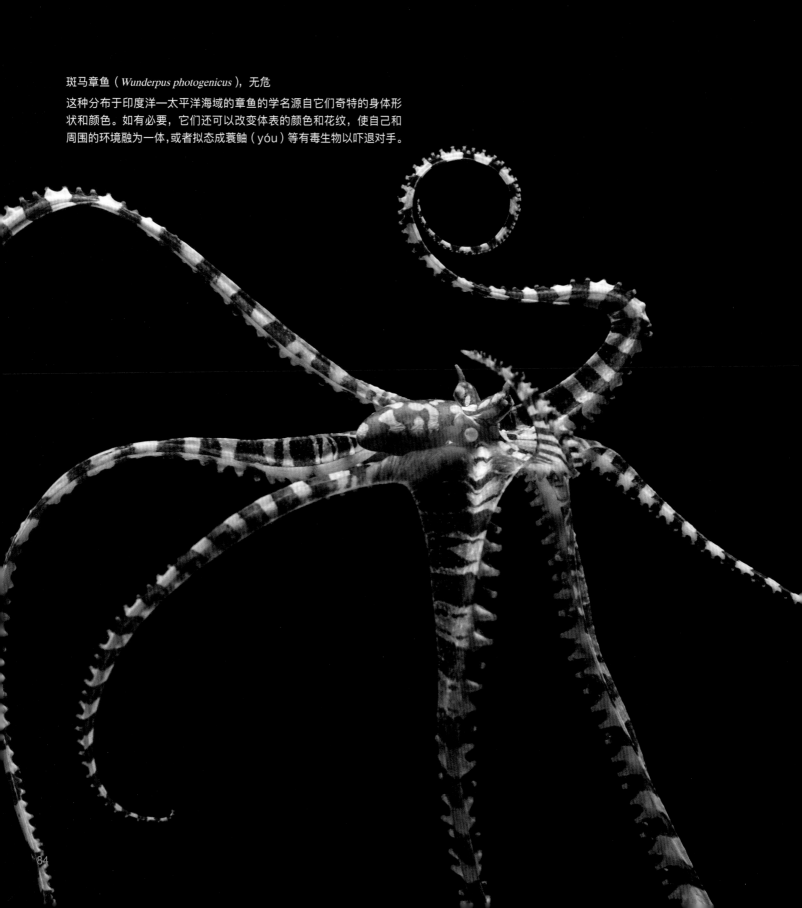

斑马章鱼（*Wunderpus photogenicus*），无危

这种分布于印度洋—太平洋海域的章鱼的学名源自它们奇特的身体形状和颜色。如有必要，它们还可以改变体表的颜色和花纹，使自己和周围的环境融为一体，或者拟态成蓑鲉（yóu）等有毒生物以吓退对手。

波氏巨蟹蛛（*Heteropoda boiei*），未予评估

这位猎手捕猎时无需蛛网，灵活的长腿搭配强壮的螯肢，使它可以轻易抓住蟑螂等昆虫。波氏巨蟹蛛身体扁平，能轻松钻进狭小的缝隙。它们的身长约为 2.5 厘米，而它们的腿最长可达惊人的 13 厘米。

白腹长尾穿山甲（*Phataginus tricuspis*），濒危

这种穿山甲分布于非洲大陆赤道附近，它们长着一颗小脑袋、一身锋利的鳞甲以及一条长长的尾巴。它们是世界上长相最奇特的哺乳动物之一，同时也是世界上最濒危的物种之一。由于穿山甲的鳞甲被人们认为具有药用价值，其种群数量正因人类的肆意捕杀而急剧减少。

大埃及跳鼠（*Jaculus orientalis*），无危

大埃及跳鼠特殊的身体结构非常适合跳跃：它们前肢短小而后肢强壮，
后肢至少是前肢的 4 倍长，弯曲的长尾巴可以在跳跃时帮助保持平衡。
它们奋力一跃可以跳出约 1 米高或 3 米远——跳跃是它们抵御天敌的
唯一手段。

黑侧草螽（zhōng）（*Conocephalus nigropleurum*），未予评估

黑侧草螽的大长腿可不是只有在茂密的草丛中四处跳跃这一个功能。当夏季的夜晚来临时，这种生活在美国北部的色彩鲜艳的螽斯会用后腿摩擦翅膀，演奏出它们独一无二的旋律：嘀嗒、嘀嗒、嘀嗒，后接一段绵长的颤音。

西氏长颈龟头部和脖子加起来的长度几乎是背甲长度的

1.5 倍。

西氏长颈龟（*Chelodina rugosa*），近危

这种分布于澳大利亚的龟形态瘦长，它们喜欢藏在淤泥中伏击鱼类、蛙类等猎物。当受到威胁时，它们不会像某些乌龟那样将头沿直线缩回壳中，而是会将长脖子侧向弯曲，放置在餐盘大小的背甲侧下方。

米勒僧面猴（*Pithecia milleri*），易危

当受到打扰时，这种生活在南美洲的稀有灵长类动物会让自己粗糙的毛发膨胀起来，让自己看起来就像戴了一顶兜帽一样。尽管它们可以发出咕啾声、唧唧声、口哨声等多种声音来进行交流，但它们也懂得通过保持沉默来躲避研究人员的观察，因此目前科学家们对这个物种还了解甚少。

环斑海豹（*Pusa hispida hispida*），无危

这种胖乎乎的海豹生活在北极地区，它们可以在冰冷的海水中下潜约 92 米，并在水下停留 45 分钟之久。环斑海豹能够利用前爪在冰上开凿出可供呼吸的孔洞，因此相较于其他海豹，它们可以在距离岸冰更远的区域活动。

93

人们在各大海洋中共发现并命名过大约 700 种海胆。海胆身上长长的、有毒的尖刺不仅可以保护它们免受海獭（tǎ）等捕食者的攻击，还能够帮助它们在海床上移动，甚至可以辅助它们感知光线。

最上一行，从左到右：青灰拟球海胆（*Paracentrotus lividus*），未予评估；环刺棘海胆（*Echinothrix calamaris*），未予评估；白棘三列海胆（*Tripneustes gratilla*），未予评估；

中间一行，从左到右：短刺海胆（*Heliocidaris erythrogramma*），未予评估；红石笔海胆（*Heterocentrotus mammillatus*），未予评估；杂色海胆

（*Lytechinus variegatus*），未予评估；

最下一行，从左到右：石笔海胆（*Eucidaris thouarsii*），未予评估；黑海胆（*Arbacia lixula*），未予评估；大西洋紫海胆（*Arbacia punctulata*），未予评估。

花海胆（*Toxopneustes pileolus*），未予评估

花海胆虽然像一朵毛茸茸的花一样美丽，但却是世界上最危险的海胆之一：它们茎秆状的棘刺能够释放强效毒素，人一旦被其刺中，后果相当严重，甚至会有丧命的风险。

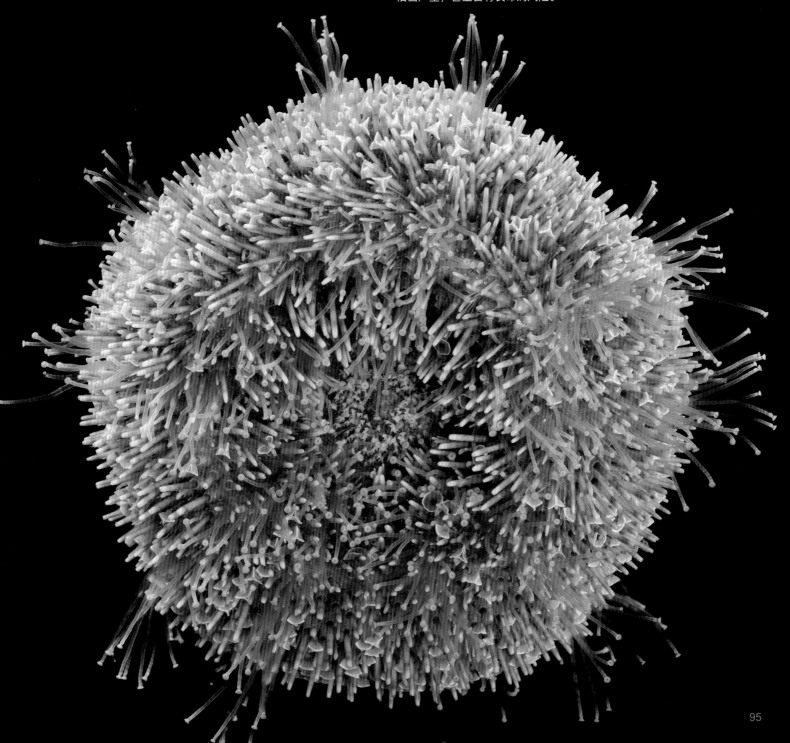

印度象（*Elephas maximus indicus*），濒危

卷曲的象鼻、不断扇动的耳朵、巨大的象蹄、仿佛通晓万物的眼神……
大象的外观看起来十分亲切且富有表现力。母象对自己的幼崽照顾有
加：为了让小象感觉更加舒适，母象会用身躯为孩子遮风挡雨，它们
还会用象鼻触碰、轻抚孩子以提供安慰。

红巨寄居蟹（*Petrochirus diogenes*），未予评估

在成年以前，这些体型巨大的寄居蟹常常需要寻找用于栖身的空壳。能否找到满意的螺壳是一件很看运气的事。有些运气好的寄居蟹能找到一个合身的大凤螺壳或者刺香螺壳。下图中的这只寄居蟹则有点特殊，它竟找了一个玻璃螺壳状的人工装饰品作为自己的"居所"。在"住房"短缺时，寄居蟹也会寻找刚刚死去的海螺，将内部清理干净后再占有螺壳。

小鼷（xī）鹿（*Tragulus kanchil klossi*），无危
作为世界上最小的有蹄类哺乳动物之一，这种生活在东南亚森林中的小动物仅有约 46 厘米高。当受到威胁时，小鼷鹿会保持原地不动，并用纤细的后腿用力踏地以示警告。

不要抬头！

　　真正能威胁到你生命的往往不会是熊或狮子这类大家伙，而是一些看似不起眼的小家伙。那天，我前往乌干达去探访一个挤满了埃及果蝠（至少有 10 万只）的洞穴。当我刚从洞穴中出来，摘下护目镜和防毒面具时，蝙蝠裹挟着一阵强烈的、带有氨气味道的风从洞穴中倾巢而出。就在我抬头瞥向空中的一瞬间，一泡湿漉漉的新鲜蝙蝠屎不偏不倚正好落入了我的左眼之中。那泡屎很热，而其中含有的刺激性成分灼伤了我的眼睛。我当即就意识到与野生动物产生这种程度的"亲密接触"，可能比直接被蝙蝠咬一口还要危险。回到营地后，我立即给美国疾病控制和预防中心乌干达分部打了电话。听完我的描述，电话那边的人停顿了良久，然后他说："你不应该进去的，马尔堡病毒正在那个洞穴的蝙蝠群体中泛滥。"和埃博拉病毒一样，马尔堡病毒同样会让病人以一种可怕、扭曲的方式痛苦地死去，其致命速度甚至更快。我立即乘飞机回到位于内布拉斯加州的家中，在一间位于阁楼的卧室中隔离了整整 3 周。幸运的是，我并没有被感染。于是在第 22 天，我终于得以解除隔离。但不可否认的是，那一次的抬头一瞥确实有可能让我丢掉性命。

埃及果蝠（*Rousettus aegyptiacus*），无危

这种蝙蝠以成百上千或成千上万的数目形成聚居群体，它们的分布遍及非洲、阿拉伯半岛、地中海东部和印度北部。繁殖季过后，雌性蝙蝠会聚集形成"哺育群体"，共同完成生产和抚养幼崽的任务，雄性蝙蝠则会另寻他处聚集，形成"单身汉群体"。

中戴鞭蛛（*Damon medius*），未予评估

因为没有那条高高弓起、带螫（shì）针的可怕尾巴，这只无毒无害的
鞭蛛（又称无鞭蝎）看起来完全不像它那些有毒的蝎子亲戚，而更像
蜘蛛①。这种鞭蛛分布在坦桑尼亚和肯尼亚，鞭蛛的名字来源于那一对
超长的、如鞭子一样的前足，其作用就像触角，能帮助它们在夜间活
动时感知周围环境。

① 译注：蝎子、蜘蛛和鞭蛛都是蛛形纲动物，在分类上，它们分别属
于蝎目、蜘蛛目和无鞭目。严格来说，鞭蛛和蜘蛛的亲缘关系更加接近。

光滑太阳海星（*Solaster endeca*），未予评估

这种常见于北大西洋的海星也许确实比其他海星更光滑，但实际上其表面依然相当粗糙。光滑太阳海星拥有 9~10 条腕足，这些腕足经常会指向上方，看起来就像是海星对周遭感到好奇。它们具有多种绚丽的体色，如奶油色、橘黄色、粉色和紫色。

大天鹅（*Cygnus cygnus*），无危

当一群大天鹅准备起飞时，群体中的每一只都会先反复低头和抬头，拍打翅膀，并发出叫声来营造兴奋感。当组成群体的数十只大天鹅达到完全同步的状态时，它们会瞬间同时起飞，场面尤为壮观。

玻利维亚松鼠猴（*Saimiri boliviensis*），无危

这种体型较小的猴子生活在亚马孙雨林中。虽然那条长尾巴看起来能够协助它们保持平衡，让它们能够在树枝之间进行复杂的跳跃，但实际上它们更喜欢爬行和奔跑。这种松鼠猴生活在由 75~100 只个体组成的大群体中，并与当地的其他灵长类动物来往甚密。

金纹伸舌螈（*Chioglossa lusitanica*），易危

这种蝾螈分布于西班牙西北部和葡萄牙北部，有着非常引人注目的长尾巴。当捕食者抓住它们时，狡猾的金纹伸舌螈会选择断尾逃生，而它们的尾巴能在离开身体后持续摆动好几分钟，以转移捕食者的注意力。

小提琴螳螂（*Gongylus gongylodes*），未予评估

这种腼腆的螳螂分布于印度和斯里兰卡，它们擅长保持静止，坐等喜欢的猎物自己送上门来。小提琴螳螂捕猎技巧高超，能抓住在半空中快速飞行的苍蝇。它们是不完全变态发育的昆虫，刚从卵鞘中孵化出来的若虫，外形就像是微缩版的成虫一样。

小提琴螳螂得名于它们修长纤细的胸部以及连接其下的、

叶子般的宽阔腹部，这种组合使它们的

形状

看起来就像是小提琴这一为人熟知的弦乐器。

土豚（*Orycteropus afer*），无危

土豚的吻部结构巧妙得令人震惊。它们的吻部由 9~10 根细小的骨头组成（其数目是所有哺乳动物中最多的），内部如迷宫般复杂。再配合上一条黏糊糊的、形如蚯蚓的长舌头，土豚可以不费吹灰之力地从巨大的泥土质白蚁山中取食美味的白蚁。

郭（guō）狐（*Vulpes zerda*），无危

生活在沙漠里的郭狐长着硕大的耳朵，这种大耳朵可以让它们发现沙子下移动的猎物，还有着良好的散热功能。郭狐早已高度适应了炎热干旱的生存环境：它们几乎不需要额外饮水，维持生命所需的水分主要来自猎物和周围的植物。

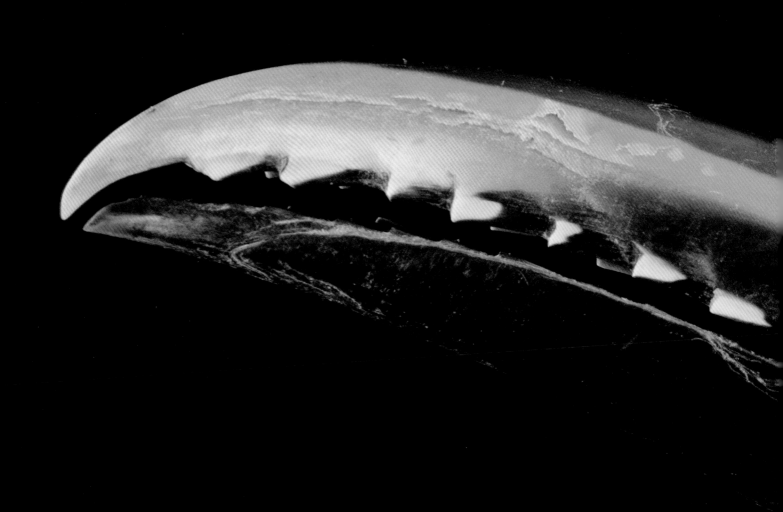

栗耳簇舌巨嘴鸟（*Pteroglossus castanotis castanotis*），无危

栗耳簇舌巨嘴鸟是巨嘴鸟科的一员，长着一个既像锯刀又像大蟹钳的巨大鸟喙。它们钟爱各种水果，并常常以倒挂的姿势从树上摘取这些美味佳肴。

第二章

花纹
Pattern

斑点和条纹

有些动物身上的图案大胆而醒目，而有些则精细而巧妙。有些动物旨在展示和炫耀，有些动物则偏好隐藏和伪装。人们最喜欢的一些动物正是因其图案而闻名：试想一下，老虎或斑马如果失去了它们标志性的条纹，那还是老虎或斑马吗？

有些动物巧妙地利用了撞色原理，而鸟类似乎是这方面的行家。仙唐加拉雀、红冠蕉鹃、绿背斑雀，当然还有红绿金刚鹦鹉，这些鸟的配色简直天马行空：红色、绿色与蓝色交相辉映，活力四射。神仙鱼就像水下的霓虹灯一般闪耀光辉；变色龙可以随意改变自身的色调；箭毒蛙敢于使用最醒目、最反常的颜色组合（如蓝配黄），令捕食者不敢造次。在动物界的时装秀舞台上，这些动物的图案都旨在炫耀或展示。

有些动物意图模仿背景环境，选择这种策略的动物旨在融入环境、隐藏身形。网纹猫鲨背部斑驳的图案模拟了洋底错落的光影；墨西哥蝴蝶鱼的鳞片就像水面上洒落的阳光一样闪闪发光；锦木纹龟的背甲呈现出优雅的马赛克图形，颜色与地表落叶层相仿；典型条纹草鼠身上的条纹很像它栖息地中的那些残株断梗；枯叶鱼和拟叶螽把自己伪装成了凋零的落叶；绿瘦蛇的鳞片就像热带雨林里盘绕弯曲的藤蔓一样青翠。这些动物都演化出了与它们生存环境相仿的图案或颜色来伪装自己。

动物王国蕴藏着丰富多样的花纹与图案。有些图案的作用能够为人类所解读，而有些图案在我们眼中似乎只是形状和颜色的随机组合，但它们都彰显着大自然的艺术。

第 114~115 页图：鹫珠鸡（*Acryllium vulturinum*），无危
第 116 页图：西澳海马（*Hippocampus subelongatus*），数据缺乏

索诺兰沙漠马陆（*Orthoporus ornatus*），未予评估

这种分布于美国西南部的马陆身披坚硬的外骨骼，上面带有一圈圈暗色的条纹，拥有橙色、棕黄色、褐色、黑色和黄色等不同体色。这种马陆平时深藏在泥土中，过着隐秘的生活，加上又有一身坚硬的"铠甲"防身，它们的寿命可长达 10 年以上。

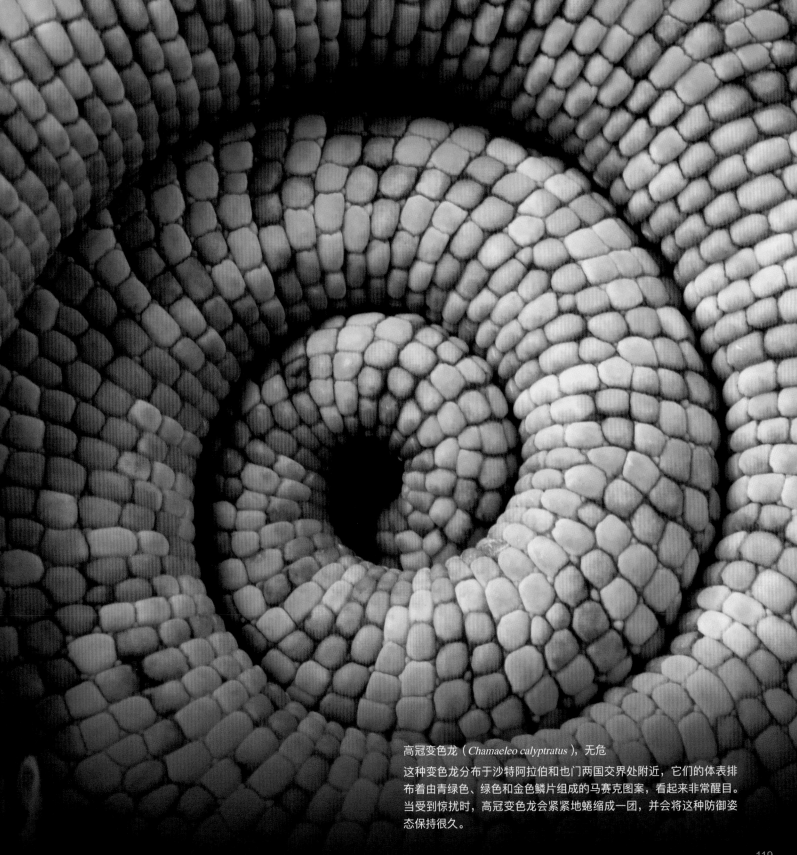

高冠变色龙（*Chamaeleo calyptratus*），无危

这种变色龙分布于沙特阿拉伯和也门两国交界处附近，它们的体表排布着由青绿色、绿色和金色鳞片组成的马赛克图案，看起来非常醒目。当受到惊扰时，高冠变色龙会紧紧地蜷缩成一团，并会将这种防御姿态保持很久。

石色裸胸鳝（*Gymnothorax saxicola*），无危

石色裸胸鳝喜欢潜伏在沙质海床上。它们肌肉发达的平滑身体上点缀着许多斑点，使它们能很好地融入周边环境。就像许多时尚款式的夹克都有颜色不同的边饰一样，石色裸胸鳝也有黑白相间的背鳍作为装饰，这为它们精妙的伪装锦上添花。

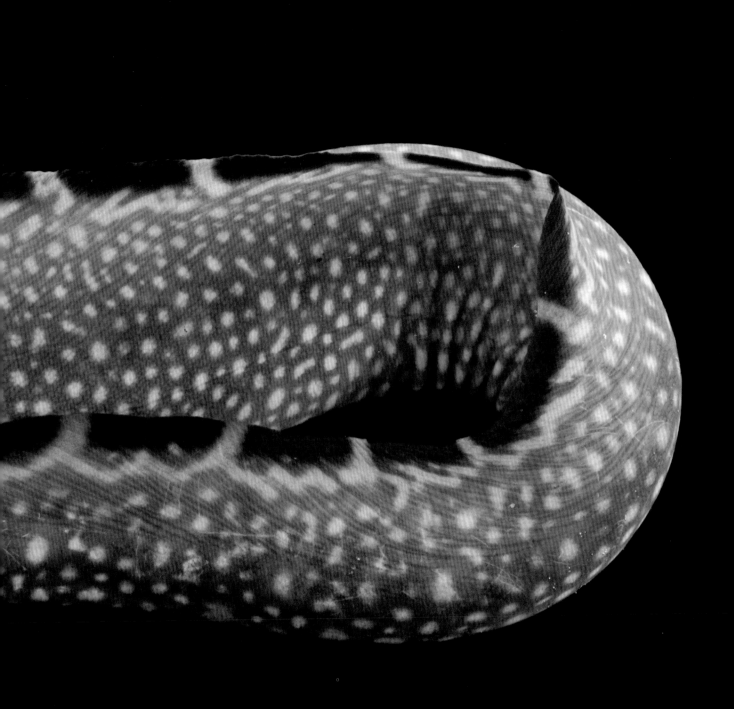

崔海鸦 (*Uria aalge*)，无危

这种海鸟的蛋完美适应它们的居住环境——悬崖。雌性崔海鸦会在海边的山崖上产卵，它们每次只产一枚卵。形状如梨的鸟蛋具有良好的稳定性。蛋壳呈褐色、绿色或蓝色，蛋壳上有着黑色、棕色或淡紫色的条纹、斑点或斑块，使其易于被亲鸟识别。

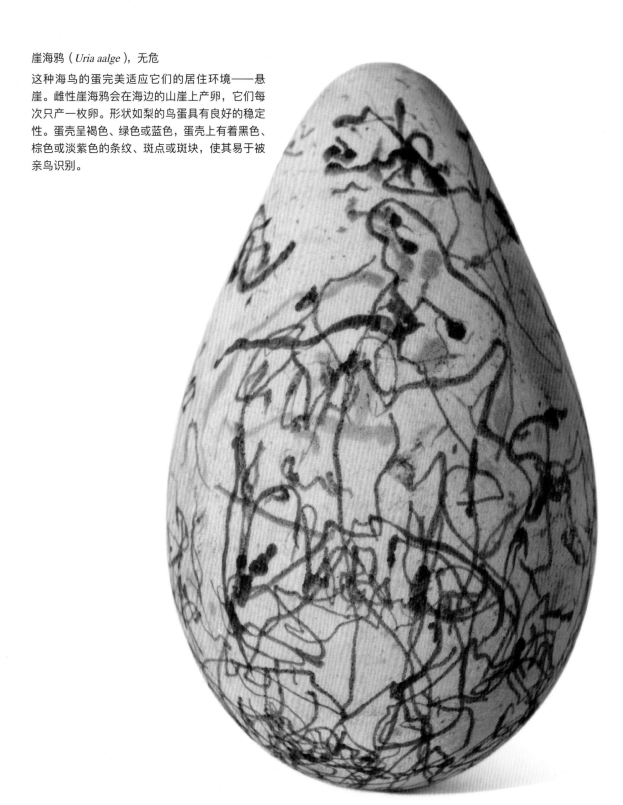

缟（gǎo）鬣（liè）狗（*Hyaena hyaena*），近危

缟鬣狗是真鬣狗中最小的一员。作为杂食性动物，皮毛上的条纹使它们可以神不知鬼不觉地穿过灌木林和茂密草地寻觅食物（例如动物的尸体）。迷信和传说常将缟鬣狗描述为掘墓贼或者魔法生物，不过事实上，它们中的大部分个体都是相当胆小且安静的。

钟情香水的老虎

　　为了拍摄位于美国科罗拉多州的夏延山动物园中的这只苏门答腊虎的照片，我已做好了万全准备。唯一缺少的就是这只大猫的配合——做我的模特它简直不情不愿。虽然老虎是丛林之王，但实际上它们生性谨慎而敏感，除非感到十分舒适，否则绝不会接近我预先架设好的背景布。我们一开始试图用鲜肉来引诱它。这种贿赂的小伎俩往往很奏效，然而，这只大老虎却并不买账。在我们一次又一次的引诱下，它才小心翼翼地在背景布之外的地方探出一只爪子，抢走诱饵并溜去一旁享用。我们忙前忙后尝试了 4 个小时却毫无进展，它甚至还打起了盹。我当时甚至一度在想是否要采取一些更激进的措施，比如，把它诱进更小的空间里来完成拍摄。终于，其中一位饲养员想起，在为老虎设计丰荣[①]活动时偶尔会用到香水等能散发气味的物品。于是我们找来了一瓶普拉达香水，并在背景布上喷了一点。只见老虎很快便溜达着走来，并且在我们铺设好的背景布上惬意地趴了下来。我们终于如愿以偿地拍到了这张照片。

① 译注：动物丰荣指依据圈养动物的行为和原始栖息地的特点，对其生活环境和日常活动进行设计和丰富，进而提高动物的生活质量。

苏门答腊虎（*Panthera tigris sumatrae*），极危
它们有着浓密的白鬃、红褐色的皮毛，以及天鹅绒般的黑色条纹。这种生活在热带地区的野生大猫炫耀着它们身上的图案——这也许是整个动物界中最广为人知的图案。苏门答腊虎是人类已知的 8 个虎亚种中体型最小的一种。

动物界中的许多动物都偏爱简洁的黑白配色。这种明暗对比能够使动物在有些情境下看起来更显眼，在另一些情境下则更隐蔽，有时还会作为警戒色震慑潜在的捕食者。

最上一行，从左到右：西部斑臭鼬（yòu）（*Spilogale gracilis gracilis*），无危；问号蟑螂（*Therea olegrandjeani*），未予评估；短嘴黑凤头鹦鹉（*Zanda latirostris*），濒危；

中间一行，从左到右：七星刀鱼（*Chitala ornata*），无危；黑点帛斑蝶（*Idea lynceus*），未予评估；网纹钝口螈（*Ambystoma cingulatum*），易危；

最下一行，从左到右：雪豹（*Panthera uncia*），易危；雪鸮（*Bubo scandiacus*），易危；佛罗里达东岸钻纹龟（*Malaclemys terrapin tequesta*），易危。

最上一行，从左到右：黑颈天鹅（*Cygnus melancoryphus*），无危；黑扯旗鱼（*Hyphessobrycon megalopterus*），无危；领狐猴（*Varecia variegata*），极危；

中间一行，从左到右：马来环蛇（*Bungarus candidus*），无危；白角树蜂（*Urocerus albicornis*），未予评估；眼斑双锯鱼（*Amphiprion ocellaris*），

未予评估；

最下一行，从左到右：黑白魟（*Potamotrygon leopoldi*），数据缺乏；星鸦（*Nucifraga caryocatactes*），无危；锈斑獛（pú）（*Genetta maculata*），无危。

仙唐加拉雀（*Tangara chilensis paradisea*），无危

在仙唐加拉雀身上，哪怕最细小的羽丝都极富魅力。这种来自南美洲湿热森林的鸣禽全身羽毛华美无比，如午夜般深邃的黑羽中点缀着亮蓝色和绿色的美丽羽毛。

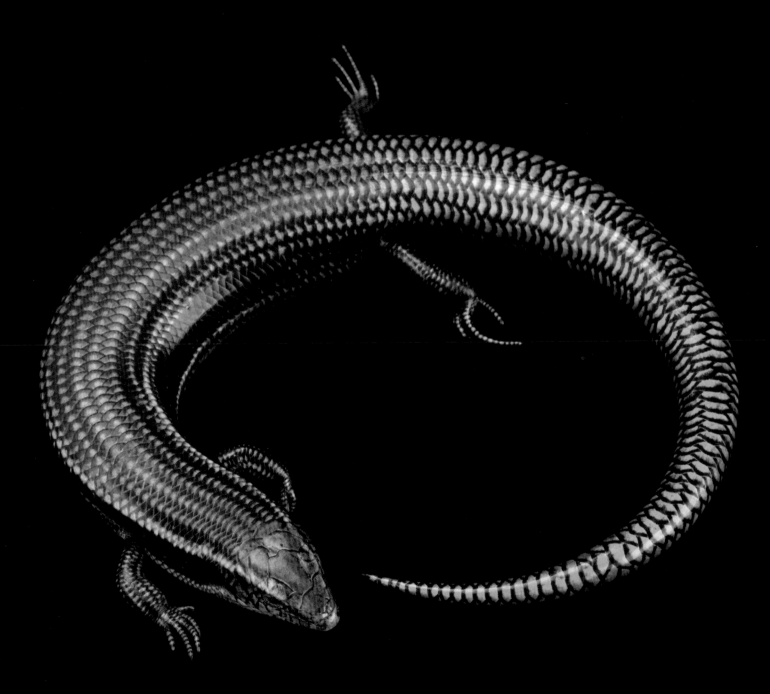

大加那利岛石龙子（*Chalcides sexlineatus*），无危

这种小型蜥蜴的身上遍布着暗色的网格图案。它们的身体前部是棕色
的，而后部则是蓝色的。这种奇特的颜色搭配似乎令它们看起来既想
趴在石头上享受日光浴，又想将尾巴浸泡在海水里。而事实上，这种
石龙子栖息于草地、石墙、砂质海滩和树林。

蓝七彩神仙鱼（*Symphysodon aequifasciatus*），未予评估

这种绚丽多彩的鱼生活在亚马孙河下游流域温暖的淡水环境中，它们尤其偏好洪溢林地区。它们大约长 15 厘米，身体上布满黑色和蓝绿色的波浪状条纹，背鳍上还点缀着少许亮红色。

网纹猫鲨是一种夜行性海洋生物。

它们能发出生物荧光。

在黑暗的深水中，网纹猫鲨可以通过彼此皮肤所发出的

绿色

荧光看到对方。

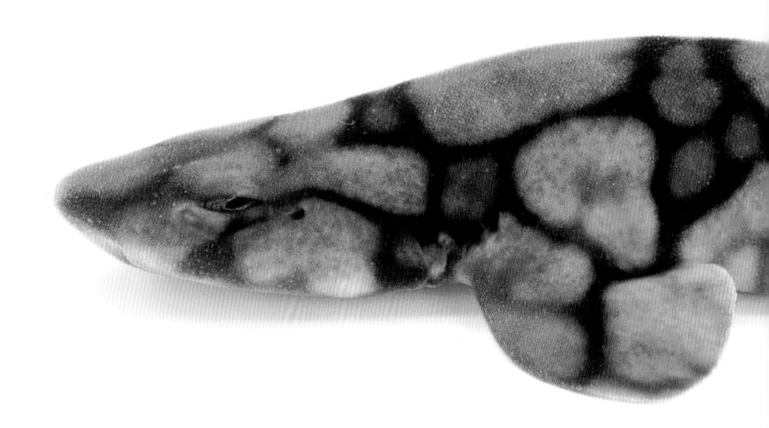

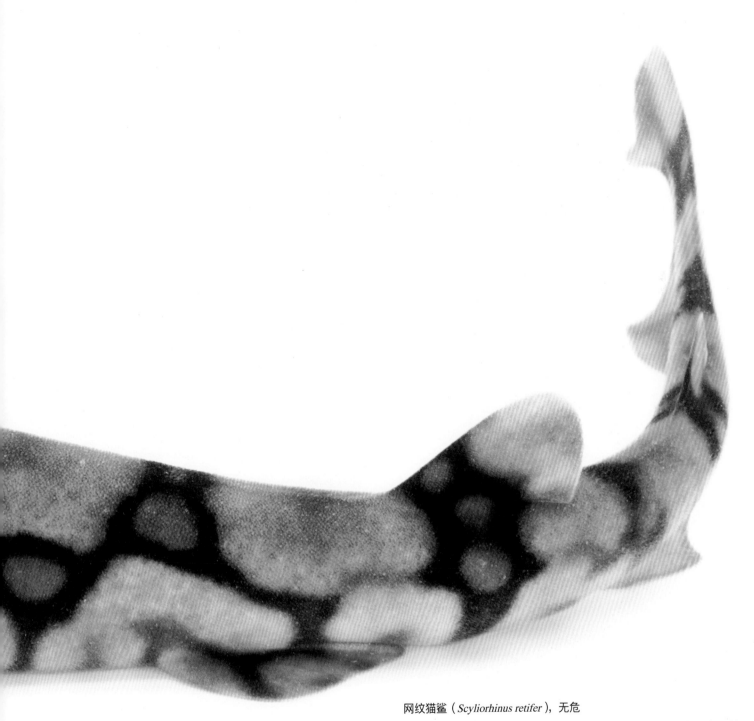

网纹猫鲨（*Scyliorhinus retifer*），无危

这种小型鲨鱼分布于北起美国马萨诸塞州、南至尼加瓜拉的西大西洋地区。它们是底栖动物，体表暗色的网纹使它们与海床完美地融为一体。网纹猫鲨大部分时间都静若处子般蛰伏在海床上，仅在鱿鱼或小鱼经过时才会动如脱兔般发起攻击。

斑鹿（*Axis axis*），无危

一排排白色的斑点让这种来自印度和斯里兰卡的鹿科动物外观十分可爱讨喜。即使在完全成年后，它们身上的斑点仍会存在。它们的英文名字"chital"源自梵语中"citrala"一词，意为"有斑点的"。同样周身遍布着斑点的猎豹，其英文名字与斑鹿有着相似的起源。

石花肺鱼（*Protopterus aethiopicus mesmaekersi*），数据缺乏

肺鱼能用肺呼吸，并因此而得名。这些古老的动物已经在地球的各处水域中存在了 4 亿年之久，其出现的时间远在恐龙之前。图中这种肺鱼分布于包括尼罗河流域、刚果河流域在内的非洲中部和东部地区。

蝉（*Cicadoidea* sp.），未予评估

世界上存在着超过 3 000 种蝉，有些蝉的若虫每年都会羽化为成虫，而有些蝉的若虫则每隔 10 年甚至约 20 年才会从地下钻出，羽化为成虫并进行繁殖。因为这些昆虫非同寻常的成长模式——时隔良久突然从地底钻出并开启新的生命阶段，一些古老的文明会将它们视为具有强大力量的重生象征。

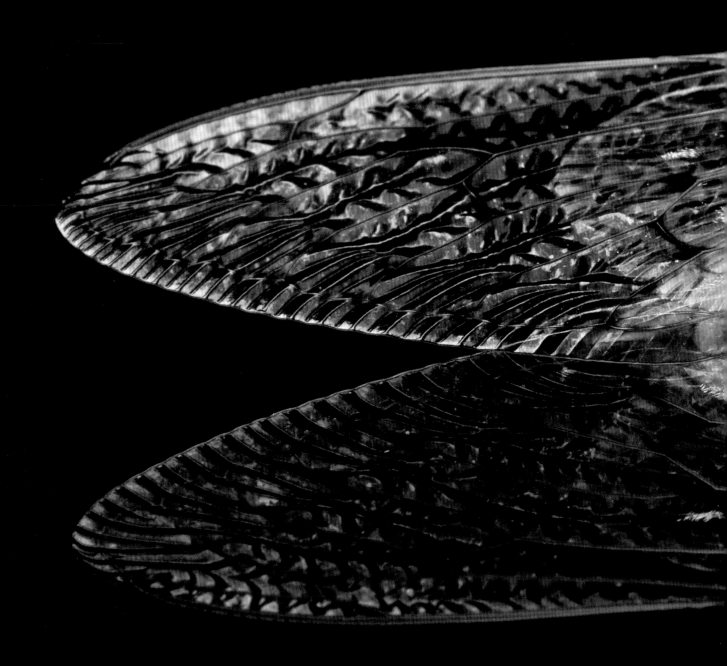

盔平囊鲇（nián）（*Platydoras armatulus*），未予评估

这种长有条纹的鲇鱼生活在南美洲最大的几个河系中。盔平囊鲇是底栖鱼类，喜欢夜间在河底的沉水植物间觅食。它们可以通过摩擦胸鳍上的棘，发出嗡嗡的声音。

典型条纹草鼠（*Lemniscomys striatus*），无危

这种长有条纹的小型啮齿动物分布于中非、西非，生活在稀树草原、疏林等生态环境中。它们的适应力很强，即使是在因农业或伐木业而被完全破坏的环境中也能存活，但它们的寿命并不长，在野外生存状态下很少能活过第一个繁殖季。

吉拉毒蜥横带亚种（*Heloderma suspectum cinctum*），近危
这种体表带有斑点的蜥蜴分布于美国西南部和墨西哥北部。它们所生
活的区域气候干旱且食物稀缺，为了适应这种恶劣的生存条件，它们
单次进食就能吃掉超过体重三分之一重量的食物。

绿树蟒（*Morelia viridis*），无危

这种美丽的蟒蛇生活在新几内亚岛、澳大利亚北部等区域，它们会随着成长而改变体色。有时仅在一夜之间，它们就会从幼体时期的黄色或红色变成成体时期的亮绿色，完美地融入它们生活的雨林环境中。绿树蟒金黄色的眼眸中长着竖瞳，这是夜行性捕食者的典型特征。

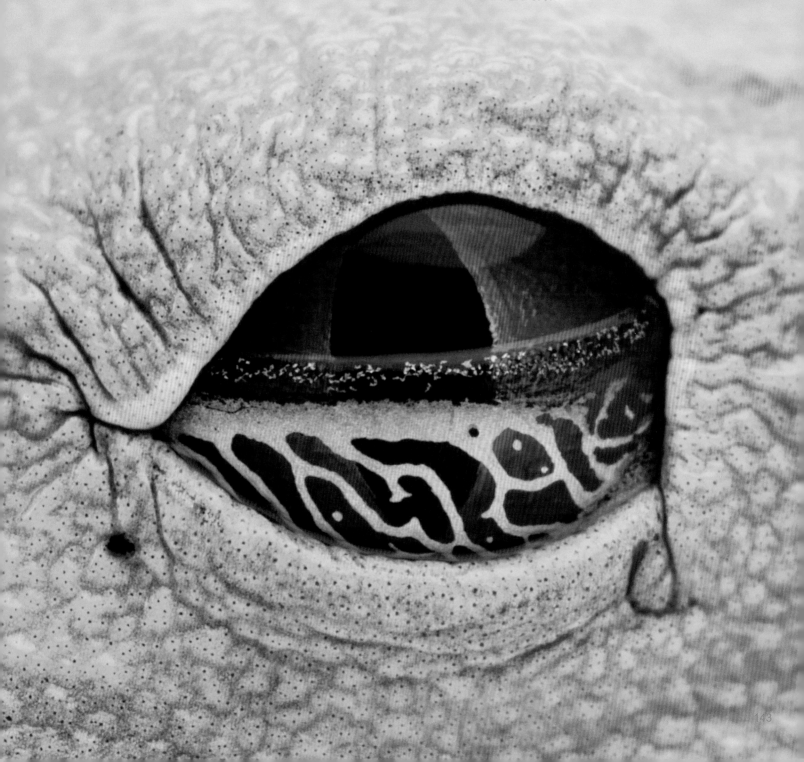

红眼树蛙（*Agalychnis callidryas*），无危
红眼树蛙大大的眼睛和其中亮红色的虹膜是它们自我保护的手段之一。
通过猛然睁大那双红色的眼睛，红眼树蛙往往能震慑住来犯之敌，为
自己赢得数秒宝贵的逃跑时间。

143

鸟类的羽毛颜色取决于色素组成和物理结构等多种因素。

然而，羽红素和蕉鹃素这两种特殊的

富铜色素

却为蕉鹃科鸟类的羽毛所特有，

它们赋予了这些鸟类鲜艳而明亮的红色和绿色。

红冠蕉鹃（*Tauraco erythrolophus*），无危

这种羽毛如彩虹般绚丽的美丽鸟类生活在非洲中部的密林中。它们十分胆小羞怯，很少展露真容，仅在需要进食或饮水时，它们才会飞离自己位于茂密枝叶中的隐秘栖所。

蛋黄水母（*Cotylorhiza tuberculata*），未予评估
这种来自地中海的水母看起来就像一只煎蛋。它们在开阔或近岸海域
的表层水体中营漂浮生活，圆盘形的伞体中有着蛋黄状的橙色突起物，
其中生活着与之共生的藻类。

小绒鸭（*Polysticta stelleri*），易危

小绒鸭体表的条纹和斑点非常精致，仿佛是由经验丰富的画家用娴熟稳健的笔法仔细描绘出来的。小绒鸭可见于高纬度北极地区的莎草地、滨海潟（xì）湖和海湾中。它们的羽毛既漂亮又保暖，让这些鸟类能够抵御极地的严寒。

霍加狓（pí）（*Okapia johnstoni*），濒危

虽然霍加狓身上的条纹与斑马很相似，但实际上长颈鹿才是与它们亲缘关系最近的动物。这些"生活在森林中的长颈鹿"分布于刚果民主共和国，在茂密潮湿的雨林中过着隐秘的生活。霍加狓的食谱中包含100多种植物，它们用长约46厘米的舌头来获取、享用这些"美味佳肴"。

红带叶蝉（*Graphocephala coccinea*），未予评估
这种昆虫的身上有着美丽的条纹，使它们看起来就像是美味的糖果。
它们分布于北起加拿大、南至巴拿马的广阔区域内。红带叶蝉属于被
称为"神枪手"的叶蝉类群。它们以树汁为食，其中不含营养的液体
会被它们以小液滴的形式"砰"的一下有力地弹射出去。

无处不在的昆虫

　　如果你想拍一张从未见过的生物的照片，不妨把目光投向你家的后院。昆虫是一群十分有趣、凶猛且生命力顽强的动物，对于人类的生存至关重要。昆虫帮助维持地球生态系统的运转，如果没有昆虫，我们熟悉的日常生活将不复存在。当病毒在全球肆虐时，我意识到虽然因此无法四处旅行，但这也使我有机会认真去拍摄昆虫——这类至关重要却又在"影像方舟"项目中被严重忽略的动物。昆虫丰富的种类和数量为我提供了大量的素材，仅仅在我位于内布拉斯加州的家附近大约 30 千米的范围内，我就拍摄到了 700 多种昆虫：叶蝉、虎甲、金龟子……它们的体色如彩虹般多种多样。此外，我还拍到了非常多的蜘蛛（它们虽不是昆虫，但与昆虫亲缘关系很近）。我为自己定下了一个目标——拍摄1000 种昆虫。同许多孩子一样，我小时候也收集过昆虫，这段拍摄经历令我仿佛回到了童年。我曾经环游世界只为了寻找各种动物作为拍摄对象，但实际上，我自己家的后院里就一直躲藏着成百上千种绝佳的拍摄对象。

道姆礁螯虾（*Enoplometopus daumi*），数据缺乏

这种害羞的小型甲壳类动物分布于印度尼西亚和菲律宾的浅水珊瑚礁中，仅在夜间活动。道姆礁螯虾体色绚丽多彩，仿佛在与其栖息地中同样五彩斑斓的珊瑚礁争奇斗艳。

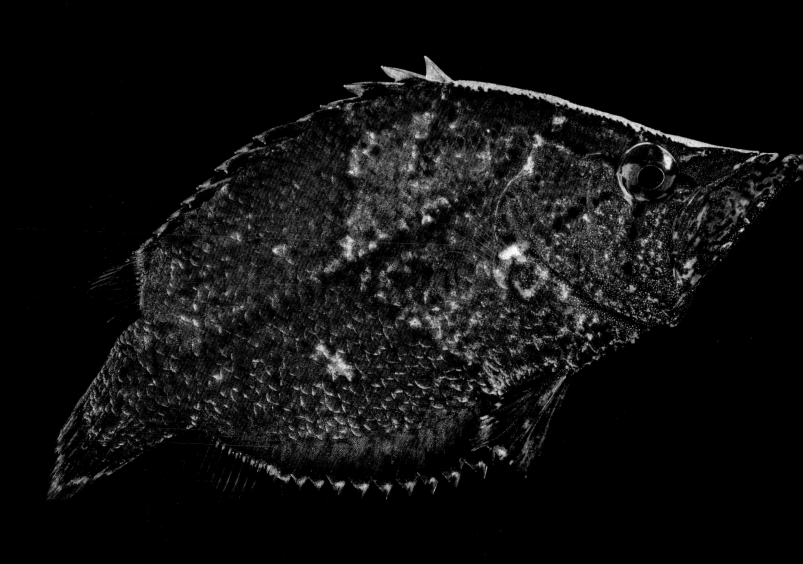

枯叶鱼（*Monocirrhus polyacanthus*），未予评估

这种鱼看起来宛如一片落入水中的枯叶。生活在亚马孙河流域的枯叶
鱼是一种伏击型猎手，凭借着一流的伪装技巧，它们可以对猎物发起
出其不意的攻击，不少行动非常迅捷的鱼类也会惨遭毒手。枯叶鱼可
以捕食相当于自身长度三分之二的猎物。

拟叶螽（*Typophyllum* sp.），未予评估

螽斯又被称为"灌木丛中的蟋蟀"。就像图中这种螽斯一样，许多不同种类的螽斯都会拟态成周遭环境中的叶子。 迄今为止，人们共发现并命名过数千种螽斯，它们广泛地分布于除南极洲以外的各个大陆。

条纹林狸是一种独居在森林之中的夜行性动物。

它们斑驳的毛色有着很强的伪装效果，使得它们能够如

般悄无声息地穿行于树木之间，出其不意地偷袭猎物。

条纹林狸（*Prionodon linsang*），无危

条纹林狸是一种神秘的树栖动物，它们的皮毛上布满了深色的斑点、条纹和圆环。这种绝佳的伪装"迷彩服"让条纹林狸能出其不意地偷袭松鼠、鸟和蜥蜴等猎物。这种罕见的动物生活在印度尼西亚、马来西亚、泰国和缅甸等地。

中美彩龟（*Trachemys venusta venusta*），未予评估

中美彩龟分布于墨西哥、哥伦比亚西北部等地区。首次发现这种淡水龟的科学家们觉得它们的图案和颜色是如此美丽，因此以拉丁文"venustus"为它们命名，意为"像美之女神维纳斯一样"。

白腹锦鸡（*Chrysolophus amherstiae*），无危

白腹锦鸡生活在中国西南部和缅甸北部丘陵地带的森林中，贝壳般层层叠叠的羽毛十分引人注目。雄性白腹锦鸡长长的尾羽尤为华丽，极富美感，因此，白腹锦鸡在西方社会成了一种备受追捧的观赏性鸟类。

北非条纹鼬（*Ictonyx libycus*），无危

这种小型哺乳动物广泛地分布于北非的大部地区。它们跑起来时步态独特、身姿矫健，如同獴（měng）一般。它们还能像北美臭鼬一样释放臭味物质来抵御敌害。如果从肛门腺中喷出的恶臭液体无法阻止敌人进犯，它们便会选择原地装死。

世界上至少有 150 000 种飞蛾，它们通常喜欢飞舞在夜空中，围绕在门廊灯周围。飞蛾千变万化的体色和繁复多样的图案通常是为了迷惑和欺骗捕食者。

最上一行，从左到右：葡萄蔓蛾（*Eulithis* sp.），未予评估；伪番红花尺蛾（*Xanthotype urticaria*），未予评估；惠氏裳夜蛾（*Catocala whitneyi*），未予评估；

中间一行，从左到右：黄线尺蛾（*Tetracis crocallata*），未予评估；弗州蔓天蛾（*Darapsa myron*），未予评估；角尺蛾（*Nematocampa resistaria*），

未予评估；

最下一行，从左到右：深红裳夜蛾（*Catocala ultronia*），未予评估；勒孔特虎蛾（*Haploa lecontei*），未予评估；橙带涤尺蛾（*Dysstroma hersiliata*），未予评估。

最上一行，从左到右：奈斯虎蛾（*Apantesis nais*），未予评估；窗翼天蚕蛾（*Rothschildia aricia ariciopichinchensis*），未予评估；红节天蛾（*Sphinx kalmiae*），未予评估；

中间一行，从左到右：粉翅裳夜蛾（*Catocala concumbens*），未予评估；巨型豹飞蛾（*Hypercompe scribonia*），未予评估；斑绿夜蛾（*Leuconycta diphteroides*），未予评估；

最下一行，从左到右：曲纹绿翅蛾（*Synchlora aerata*），未予评估；罗宾蛾（*Hyalophora cecropia*），未予评估；乞丐蛾（*Eubaphe mendica*），未予评估。

南部三带犰狳（*Tolypeutes matacus*），近危

在受到威胁时，这种来自南美洲的犰狳会蜷缩起来，用坚固的盔甲保护整个身体。它们还会留下一些空隙，若袭击者胆敢将爪子或者手指伸进来，它们便会猛地一下夹紧来吓退对方。

珍珠鹦鹉螺（*Nautilus pompilius*），未予评估

这个布满虎纹的螺壳是珍珠鹦鹉螺的家。珍珠鹦鹉螺的螺壳分隔为许多被称为"气室"的小空间，随着珍珠鹦鹉螺的生长，螺壳会沿螺旋形的方向向外扩展出更多的气室（成体的气室数量可达 30 个），而它们的身体则会永远占据着最外面那间气室。在许多已灭绝的鹦鹉螺种类的化石中，我们也能发现类似的结构，如果把其中一些巨大的卷曲螺壳完全拉直，长度可达 6~9 米。

希拉箭毒蛙（*Ranitomeya sirensis*），无危

这种体表光滑、毒性温和的箭毒蛙生活在云雾雨林中。它们的身体上通常具有亮黄色条纹，但在某些栖息地，同属一种的箭毒蛙却有着红色、蓝色、绿色和橙色等不同颜色的条纹。

许多种类的箭毒蛙都拥有艳丽的体色，它们用这种方式高调地向所有捕食者宣布：

我含有剧毒。这种特殊的颜色被称为警戒色，

箭毒蛙向任何妄想图谋不轨的动物发出

死亡警告：

想吃我，你可能会付出生命的代价。

小丑炮弹鱼（*Balistoides conspicillum*），未予评估

小丑炮弹鱼的肚皮上布满了波尔卡圆点般的图案，背部点缀有一抹亮黄色，加上条纹的装饰和黄色的"口红"——仿佛是盛装出席。这些美丽的小丑炮弹鱼独自游弋在从红海至新喀里多尼亚的珊瑚礁和水下洞穴中。

绿背斑雀（*Mandingoa nitidula*），无危

这种小型鸣禽分布于撒哈拉以南的非洲地区，栖身于森林、草原和灌木丛等处。在分类学上，绿背斑雀所属的科中包含梅花雀、文鸟和一些以艳丽的羽色和图案著称的常见雀类。

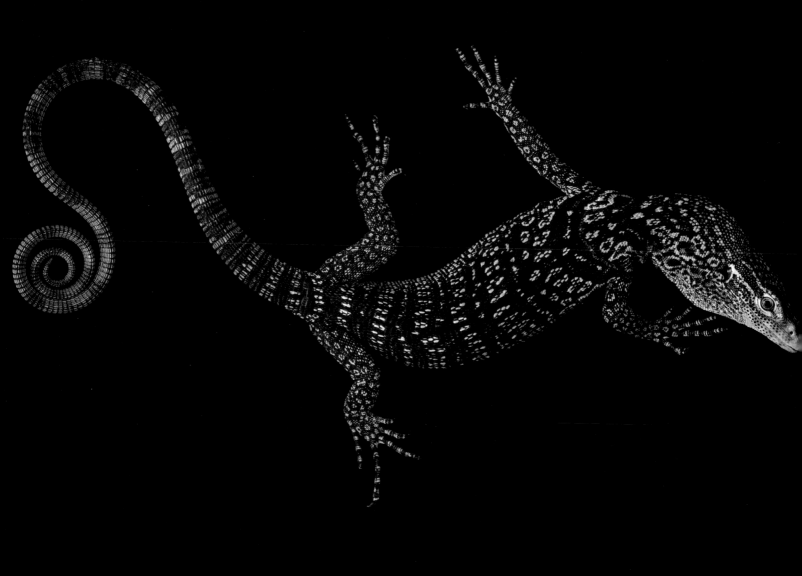

蓝树巨蜥（*Varanus macraei*），濒危

这种身上长有斑点和带状条纹的蜥蜴分布于印度尼西亚巴坦塔岛的热带雨林中。它们营树栖生活，以昆虫和其他小型蜥蜴为食。适于抓握的长尾能帮助它们攀爬树木。当遭遇危险时，它们身上迷彩服般的图案能令它们躲过捕食者的搜寻。

瑞氏树巨蜥（*Varanus reisingeri*），数据缺乏

这种树栖蜥蜴身上的图案繁复多样——斑点、V 形和条带形花纹齐聚一体。瑞氏树巨蜥只分布于印度尼西亚的少数地区，人们对它们的行为和习性尚知之甚少。

查氏斑马（*Equus quagga chapmani*），近危

它们身上的黑白条纹优雅大方、臻于完美，仿佛是一幅最优秀的艺术
大师也无法超越的绘画杰作。每匹斑马身上的花纹都是独一无二的，
它们脖子上坚硬的短鬃也有着黑白相间的条纹。这些优雅的动物生活
在博茨瓦纳、南非和津巴布韦的草原上。

亚洲岩蟒（*Python molurus*），未予评估

这条巨大的蟒蛇浑身上下遍布着色彩斑驳的鳞片，仿佛是由碎布拼缝而成。虽然外观看起来很可怕，但它们其实是一种羞怯且无毒的动物。亚洲岩蟒的视力很差，捕猎时主要依靠位于头部的热感应器来定位猎物。

西部泥蛇（*Farancia abacura reinwardtii*），无危
这种蛇生活在美国的东南部。它们的背部是纯黑色
的，而腹部却黑红相间，仿佛是抛过光的棋盘。在
大部分时间里，西部泥蛇都栖息在淤泥中，或是在
水源附近活动。

寻宝游戏

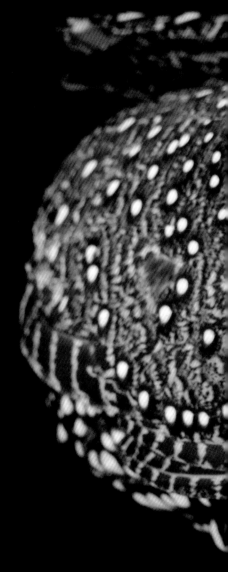

那一次，我的家人陪我一同前往位于捷克的皮尔森动物园，以便拍摄一些珍稀雉类的照片。我们住在位于厚皮动物[1]馆的客房中，而客房与动物饲养区很近，于是就出现了以下场景：当我们使用浴室时，长颈鹿就在外面看着我们；老鼠在屋外窸窣作响；犀牛一整晚都在用角撞击护栏。最难以接受的是，我们的客房闻起来也和犀牛一样臭。我的妻子和大儿子无法忍受这样的环境，当即逃去了附近的度假村。那天傍晚5点半，我就带着女儿和小儿子去动物园的餐厅吃了晚饭。没过多久，他俩又饿了，但那时我们不能出动物园，而我身上又没有现金去自动售货机买零食。于是我给他们出了一个我当时能想到的最佳解决方案：我建议他们带上一根小木棍去甜筒摊和自动售货机下面寻找别人掉落的硬币，然后用它们来买零食。几个小时后他们回来了，身上就像刚打扫完烟囱一样脏，看上去既落魄又自豪，他们扫荡了整个动物园，终于凑够了刚好能买一罐可乐的钱。

① 译注：科学家们曾将大象、犀牛、河马等皮糙肉厚的动物归为厚皮动物，还曾引入"厚皮目"的概念。如今，虽然在分类学中已不再沿用此分类，但人们仍习惯使用"厚皮动物"一词指代这些动物。

黑头角雉（*Tragopan melanocephalus*），易危

这种身体布满斑点、胸部呈深红色的鸟类生活在喜马拉雅山区的森林中，是世界上最罕见的几种雉类之一。在印度北部地区，当地人称它为"jujurana"，意为"鸟中之王"。

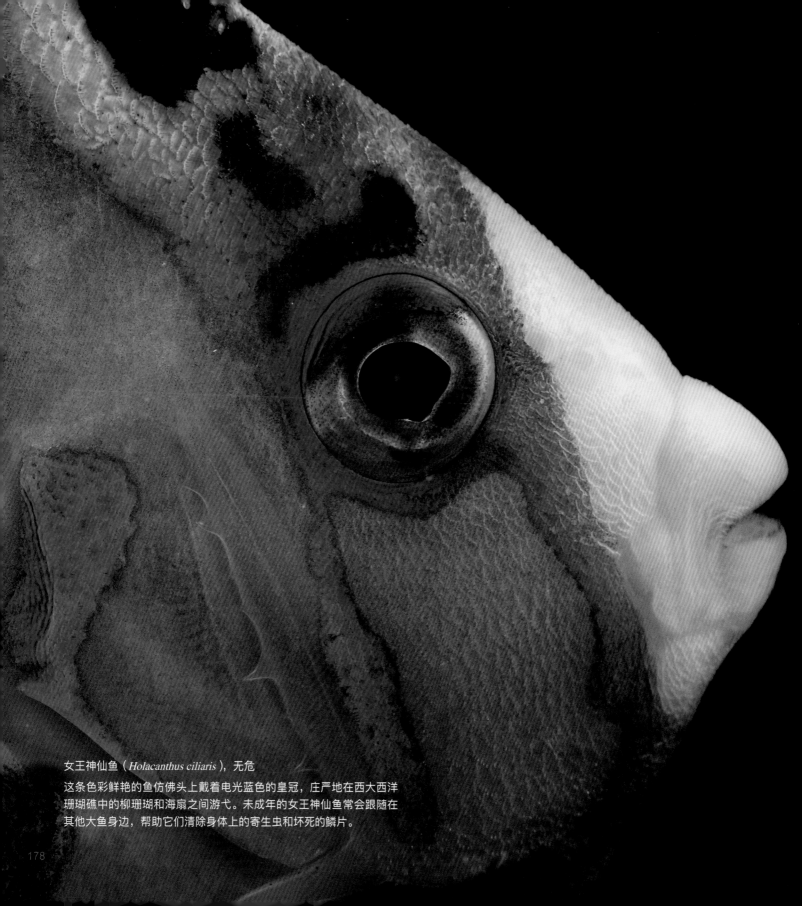

女王神仙鱼（*Holacanthus ciliaris*），无危

这条色彩鲜艳的鱼仿佛头上戴着电光蓝色的皇冠，庄严地在西大西洋珊瑚礁中的柳珊瑚和海扇之间游弋。未成年的女王神仙鱼常会跟随在其他大鱼身边，帮助它们清除身体上的寄生虫和坏死的鳞片。

眼镜神仙鱼（*Chaetodontoplus conspicillatus*），无危
这种神仙鱼身着一件金光闪闪的"外衣"，戴着一副墨紫色的"框架眼镜"，看上去腔调十足。眼镜神仙鱼行踪神秘，只有在位于西太平洋地区深约 40 米的珊瑚礁中，人们才能觅得它们的"仙踪"。

马来棱皮树蛙（*Theloderma asperum*），无危

图中的这只马来棱皮树蛙长得像什么？一块树皮、一片地衣、一堆疣状物还是一泡鸟屎？这全凭观察者的个人感觉而定。马来棱皮树蛙生活在东南亚的热带或亚热带森林中，和许多其他蛙类不同的是，它们会在积水的树洞中繁育后代。

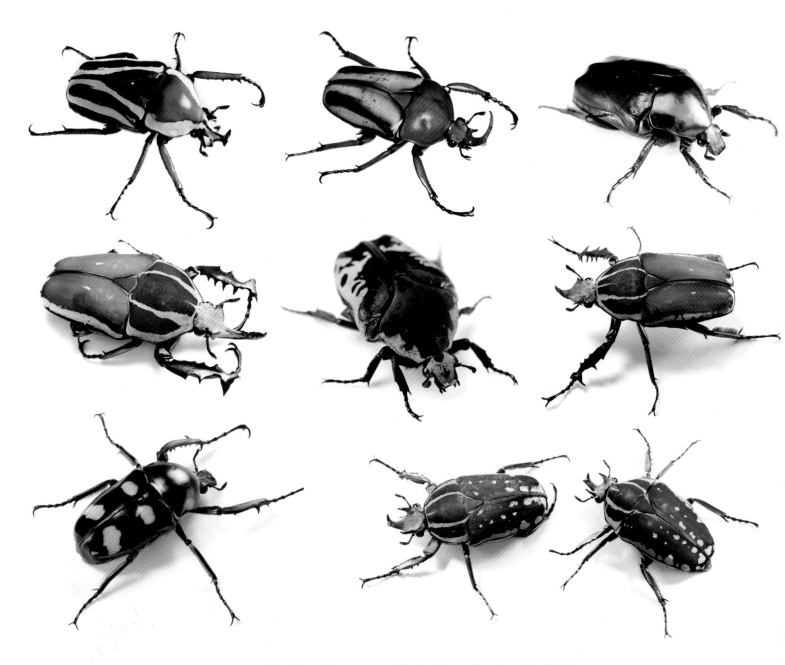

花金龟是金龟子总科的成员，也是访问各种花卉的常客。花金龟主要取食花粉、花蜜和树汁，有时也会尝尝水果。

最上一行，从左到右：白条花金龟（*Dicronorhina derbyana*），未予评估；格雷丽花金龟（*Eudicella gralli*），未予评估；美丽星花金龟蓝色亚种（*Protaetia speciosa cyanochlora*），未予评估；

中间一行，从左到右：土瓜达花金龟（*Mecynorhina torquata torquata*），未予评估；小丑花金龟（*Gymnetis thula*），未予评估；乌干达花金龟（*Mecynorhina torquata ugandensis*），未予评估；

最下一行，从左到右：四斑幽花金龟（*Jumnos ruckeri*），未予评估；波丽菲梦斯花金龟中非亚种（*Mecynorhina polyphemus confluens*），未予评估。

上图：三星花金龟（*Pachnoda trimaculata*），未予评估

豹变色龙拥有变色的能力，

它们皮肤中的多层细胞含有可以反射出不同颜色的纳米晶体。

通过将这些晶体

重新排列

并使其反射不同波长的光线，

豹变色龙便可实现体色的改变。与雌性相比，雄性的变色能力更加优秀，

这可以帮助它们吸引配偶或是驱逐其他雄性竞争者。

豹变色龙（*Furcifer pardalis*），无危
左边这只来自马达加斯加的雄性变色龙浑身装饰着绿色、深红色、青色和白色的条纹、条带和斑点，华丽非凡。豹变色龙的体色和性别有关：雌性一般为黄褐色，且变色能力不强；而雄性则能呈现出如各种宝石般令人眼花缭乱的色调。

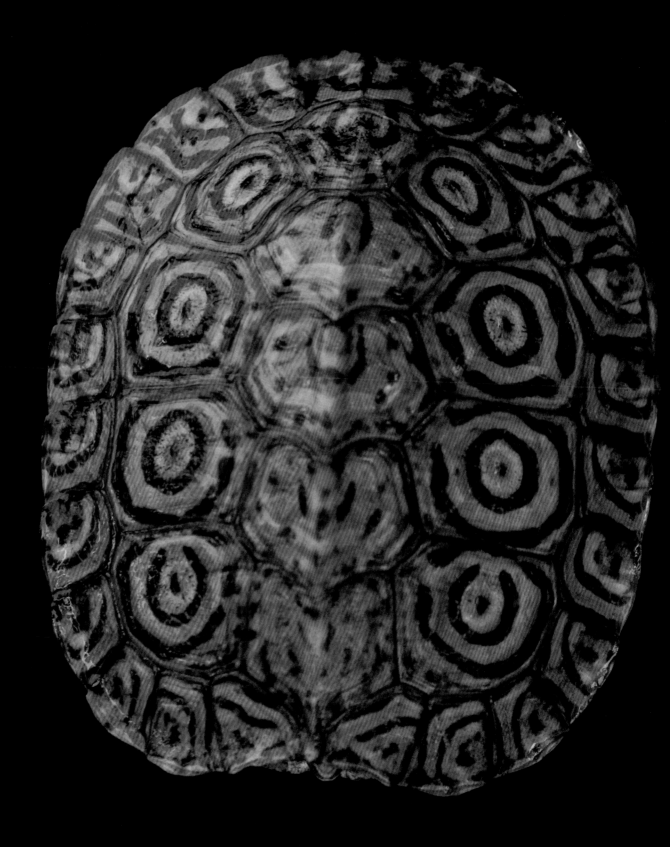

锦木纹龟（*Rhinoclemmys pulcherrima manni*），未予评估

从墨西哥到哥斯达黎加，人们都可以见到这种龟的身影。它们伸长脖子在灌木丛和疏林中四处张望，大口咀嚼着鲜花、水果、昆虫和蠕虫。它们背甲上醒目的几何图案模拟了毒蛇身上的花纹，也许能够起到吓退捕食者的作用。

红绿金刚鹦鹉（*Ara chloropterus*），无危

从古至今，人们对金刚鹦鹉鲜艳华丽的羽毛一直向往不已。考古学家们发现，很久之前生活在今天美国西南部的普韦布洛人，已经开始引进并饲养金刚鹦鹉，以获取它们的羽毛。

最后的遗珠

　　美国丹佛市中心有一家水族馆，里面饲养着墨西哥蝴蝶鱼等许多濒临灭绝的小型淡水鱼类。它们中的许多种已经野外灭绝了，其野外栖息地已经完全消失。如果没有那些热爱自然的人关注它们并及时救助，包括长背鳉（jiāng）、多鳞异齿谷鳉和弗朗西斯鳉等在内的许多物种早就不复存在了。幸亏有那些专业饲养员的悉心呵护和照料，它们才能在世界上少数几家水族馆中生存下来。这些小鱼体型纤弱，它们没有闪亮的色彩，没有华丽的外观，无法吸引更多的游客，也不会带来经济收入。因此，关于它们的影像资料少得可怜。即使是在那些令它们得以存续的水族馆中，它们也只能默默地待在非展示区的小水箱里。每次去水族馆拍摄这些濒危的鱼类时，我都不禁会想：也许我的这幅作品，会是这个物种留存世间的唯一影像。

墨西哥蝴蝶鱼（*Ameca splendens*），极危
这种小型淡水鱼长着泛着些许虹彩的鳞片，它们极度濒危，仅分布于
墨西哥哈利斯科州很小一块区域内的几处浅泉之中。它们仅能长到
7~10厘米。

红血蟒（*Python brongersmai*），无危

这种身体粗壮的蟒蛇分布于泰国南部、马来西亚和印度尼西亚苏门答腊岛东部，生活在种植园和天然森林之中。红血蟒的攀爬技巧极为娴熟，腹部的鳞片令它们在爬树时可以牢牢地附在树干上。

臭椿巢蛾（*Atteva aurea*），未予评估

这种飞蛾生活在北美洲，它们在休息时将后翅折叠在背后，因此经常
会被人误认为是一只甲虫。它们的翅膀上布满了由黄色斑点等组成的
图案，如此醒目的图案可以吓退捕食者。

图中这只体型较大的黑猫头鹰环蝶的翅膀上长着大大的眼斑。

长出眼斑是许多动物选择的一种防御策略。

黑猫头鹰环蝶身上的眼斑看起来就像是

等凶猛猎手的眼睛，

这可以迷惑并吓退捕食者，为它们赢得宝贵的逃跑时间。

黑猫头鹰环蝶（*Caligo atreus*），未予评估

这种蝴蝶的翅膀背面有着错综复杂的白色、金色、褐色和黑色条纹，看起来就像是地质剖面一般。它们生活在中美洲和南美洲，以腐败水果的汁液为食。

许氏短刺鲀（tún）（*Chilomycterus schoepfii*），无危

刺鲀科这一成员身体上的短刺乍一看仿佛是波尔卡圆点，这和其他暗色条纹与斑点一道形成了这种刺鲀身上纷繁复杂的图案。这种生性谨慎的鱼生活在大西洋西部和墨西哥湾北部，它们经常出没于沿岸珊瑚礁和海草床之中。

飞白枫海星（*Archaster typicus*），未予评估

这种海星生活在印度洋和太平洋中的沙质海床上，以腐烂的动植物碎屑为食。飞白枫海星在进食时会将自己的胃挤出身体外，吸收下食物后，再将胃重新缩回体内。

斑尾袋鼬（*Dasyurus maculatus*），近危

斑尾袋鼬有一条长满斑点的尾巴，这一特征使人们可以轻易地将它们和澳大利亚的其他哺乳动物区分开。雌性斑尾袋鼬仅怀孕数周就会分娩，生下未发育完全的孱弱幼崽。幼崽会在母亲的育儿袋中继续发育，度过接下来的 12 周时间。斑尾袋鼬母亲会用一种独特的"咯咯"声呼唤它们的幼崽。

狮尾狒（fèi）（*Theropithecus gelada*），无危

这种来自埃塞俄比亚的灵长类动物的社会行为十分复杂。它们的一个群体往往由一只雄性狮尾狒、多只雌性狮尾狒以及它们的幼崽所组成。狮尾狒的胸部有一块没有毛发、裸露着粉色皮肤的区域，被称为"胸斑"。当雌性狮尾狒进入发情期时，它们的胸斑处会长出一串圆形水泡状突出物。

内格罗斯鸡鸠（jiū）（*Gallicolumba keayi*），极危

这种罕见的鸽形目鸟类可见于菲律宾的内格罗斯岛和班乃岛。它们的胸口上有一块区域呈鲜红色，看起来就像被刺伤了一般。由于人类对森林的乱砍滥伐，它们的栖息地正在快速消失。目前这个物种仅有几百只幸存于世。

横带虎斑钝口螈（*Ambystoma mavortium mavortium*），无危

作为北美洲体型最大的蝾螈之一，横带虎斑钝口螈身长可达 31 厘米。它们在不同的地理分布区域内具有不同的颜色和图案。横带虎斑钝口螈能够适应的生存环境十分多样：森林、小树林、田地、草地、沙漠里都有它们的身影，它们还偶尔出现在溪流中。

你好，邻居

　　25 年前，我在林肯市东边买下了一座荒废的小农场。某天，我正在清理农场中一处潮湿而黑暗的防风地下室。我把洗涤槽翻过来，等待着即将漫天扬起的灰尘和因受惊吓而争相跃起的蟋蟀。就在此时，我发现了一条闪亮的横带虎斑钝口螈，它看起来就像一个外星生物：那将近 30 厘米长的身体上布满了富有光泽的黑色和黄色条纹。我吓了一跳，跌跌撞撞地逃出了地下室。在明亮的阳光下，我重新整理思绪，回想刚才看到的到底是什么动物。随后我回到地下室，仔细观察了那只螈，然后把洗涤槽放回了原地。在那之后，我就再也没见过它了。多年以后，我向我们州的爬行动物学家提及了这件事。他惊诧不已，并告诉我在内布拉斯加州东南部已有数十年没有过横带虎斑钝口螈的目击记录了，因此我的那次偶遇很可能是该物种在这一区域的最后记录。得知这个消息后，我便想重回那个地下室一探究竟。但那里已经成了一只美洲旱獭的地盘，它的体型有一只斗牛犬那么大，还长着黄色的大龅牙。我看着它，放弃了再次进入那个地下室的想法，就算里面有外星生物我也不去。

始红蝽（*Pyrrhocoris apterus*），未予评估

这种蝽长着较大的眼睛，但相比之下，它们背上的那一对大圆斑更加引人注目。它们分布于欧洲和亚洲，身披带有标志性红黑几何图形的"夹克衫"，人们经常可以在椴树上发现它们的身影。

华丽伶（líng）猴（*Plecturocebus ornatus*），易危
这种眼睛瞪得大大的、体型较小的猴子生活在哥伦比亚东部的
热带低地森林中。在人类开发活动的影响下，它们的栖息地正
在迅速缩减。根据科学家们的估计，它们的种群数量在近三个
世代中减少了约三分之一。

泰国钴（gǔ）蓝捕鸟蛛（*Cyriopagopus lividus*），未予评估
这种蜘蛛长着如天鹅绒般的灰色腹部，以及 8 条可怕的蓝色长腿。它们栖息于东南亚的热带雨林，平时蛰居于深深的地洞中。它们的性情凶猛好斗，受到挑衅时会用毒螯凶狠地蜇咬敌人。

染色箭毒蛙（*Dendrobates tinctorius*），无危

这种有毒的蛙类分布于湿热的南美洲热带雨林，平时在雨林地表的落叶中生活。绚丽的色彩和醒目的图案将"我有毒"的信息传递给任何妄想图谋不轨的捕食者，使它们不敢造次。

绿瘦蛇（*Ahaetulla prasina*），无危

绿瘦蛇生活在东南亚，它们身形细长，体长可达 1.8 米。通体的鲜绿色鳞片使它们看起来仿佛在闪闪发光。此外，它们身体的后半部分还有一条亮黄色线。绿瘦蛇有轻微毒性，一般不会对人类构成威胁。

第三章

极致
Extra

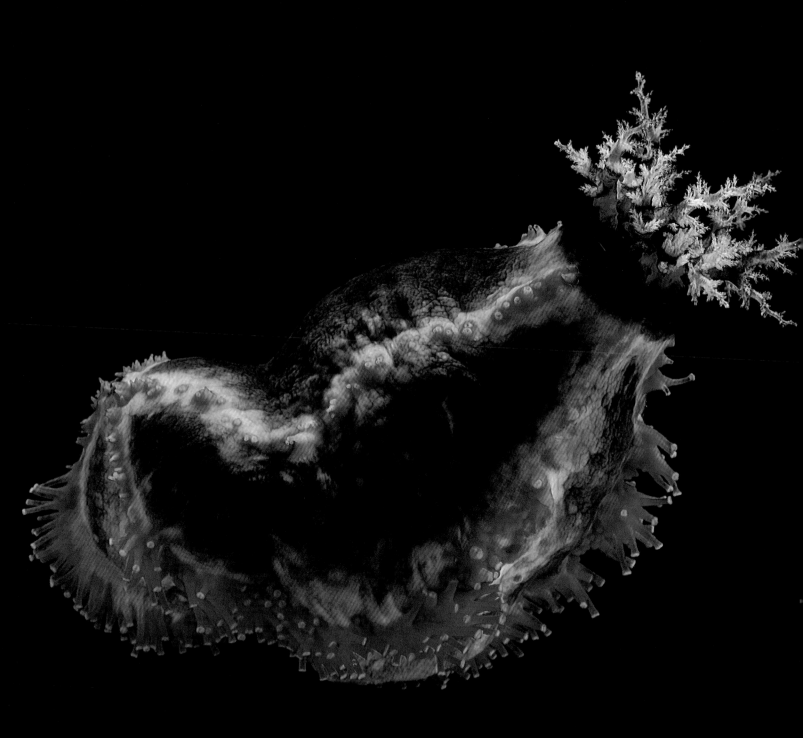

登峰造极

有些动物将细节演绎到了极致。在我们看来，有些演化的结果非常极端。但对于动物自己而言，这些可能不过是寻常之事。这些引人注目的结构有的看起来非常搞笑，有的看起来则十分可怕，但在不同方面登峰造极的它们都同样令人着迷。

南草蜥长着一条数倍于体长的尾巴，苏里南角蛙宽阔的大嘴可以一口吞下几乎和自己一样大的猎物。世界上有长着四只眼睛的鱼、两条尾巴的壁虎、用藻类和海葵装饰自己的螃蟹，还有鼻子垂到下巴以下的猴子。

有一些极端的演化结果对动物的生存大有益处。比如极度扩张自己腹部的墨西哥蜜罐蚁，那圆滚滚的腹部看起来随时都有可能被食物涨破——它们其实充当了蚁群其余成员的储粮容器。再比如长吻针鼹，它们的那对大爪子和特化的骨质长喙——这是它们唯一的进食器官，令它们能够翻找和取食土壤中美味的昆虫和蚯蚓。还有圣歌女神裙绡（xiāo）蝶，它们金闪闪的蝶蛹能够有效避开捕食者的搜寻——这种奇特的外观令它们看起来不像是一个鲜美多汁的蛹，更像是一面反射周遭环境的镜子。

我们人类总是想方设法地想要弄清楚动物的这些极致之处的功能是什么，因此发出了诸如此类的疑惑：为什么盔犀鸟头上要顶着大大的"头盔"——一个位于喙部以上、形似号角的结构？为什么雄性毛冠鹿会长出獠牙？鸭嘴兽的"鸭嘴"有什么用？面对自然界层出不穷的演化奇观，我们能够解释其中一些所具有的演化优势和意义，至于剩下的大部分，我们大概也就只能止步于赞叹其精妙与神奇了。

第 210~211 页图：皇狨（róng）猴（*Saguinus imperator subgrisescens*），无危
第 212 页图：澳大利亚海苹果（*Pseudocolochirus axiologus*），未予评估

棕榈凤头鹦鹉潘岛亚种（*Probosciger aterrimus stenolophus*），无危

这种凤头鹦鹉会用头冠表达自己的情绪：向下收起代表放松，向上竖起则表示警觉。它们脸颊的部分区域羽毛稀疏，而该处皮肤的颜色亦能体现它们的情绪：静息状态下的皮肤是红色的；当它们感到压力重重时，此处会变为粉红色或是米色；而当它们情绪高昂时，又会变成黄色。

北美林地驯鹿（*Rangifer tarandus caribou*），易危

驯鹿是唯一一种无论雄雌都有角的鹿，移动迅速的它们每年都要进行史诗般的大迁徙。北美林地驯鹿的幼崽刚出生不到一个小时便能够跟上母亲移动的步伐，出生一天后，它们的奔跑速度就能超过人类。

马岛巨人日行守宫（*Phelsuma grandis*），无危

这种来自马达加斯加的树栖壁虎会用自己充满黏性的扁平脚垫来攀爬树木。它们那条长度惊人的大尾巴十分显眼，有些个体的尾巴甚至比身体还长。马岛巨人日行守宫还会用同样长度惊人的舌头舔舐自己没有眼睑的眼睛以进行清洁。

马岛巨人日行守宫的尾巴断掉后可以再生，
不过照片中的这只壁虎竟再生出了

两条 尾巴。

长吻针鼹（*Zaglossus bruijnii*），极危

这种单孔目哺乳动物长着长长的吻部，身上披着棘刺。不过，它们真正的秘密武器是一条布满尖刺的舌头。蚯蚓是长吻针鼹最喜欢的食物之一，它们会伸出那条强有力的舌头，包裹并抓牢蚯蚓，然后美餐一顿。

橡子象鼻虫（*Curculio glandium*），未予评估

雌性橡子象鼻虫会用它的长吻（长吻较为坚硬，也可称之为喙），从多个角度钻入一颗尚未成熟的橡子中，分解并软化橡子内的组织。之后它会再次钻开橡子并在里面产卵，它的幼虫会在这颗橡子中成长发育并以之为食。

恒河鳄（*Gavialis gangeticus*），极危

这种极度濒危的鳄鱼分布于印度和尼泊尔。它们用狭长的吻部和锯齿状的牙齿捕鱼。雄性恒河鳄的吻部尖端有一个球状物，在繁殖季节，它们会用这个结构产生气泡以吸引雌性。

猫头鹰"奶爸"

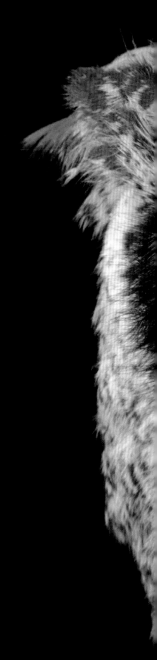

从事野生动物救助工作的人都心地善良，堪称"圣人"。他们照顾的动物多是因被车撞到、被野猫袭击、被粘鼠板或粘虫板粘住、被鱼线困住等而生病或受伤的。野生动物救助人员的工作是照顾这些动物直至它们恢复健康，或是养育动物孤儿直至它们有朝一日能够回归野外。图中这只猫头鹰名叫哈尔西（Halsey）。1997 年的某日，它在内布拉斯加州被一辆汽车撞伤，车祸所造成的脑震荡和脑损伤使它饱受折磨。自那以后，它便一直和照顾它的动物康复工作者卡里·霍恩斯（Carri Honz）一起生活。在霍恩斯向公众介绍野生动物救助工作时，哈尔西总会站在她的手臂上陪她一同出席。与此同时，对于霍恩斯救助的其他更年轻的猫头鹰而言，哈尔西则一直扮演着"父亲"的角色。它平时住在霍恩斯家的地下室中，非常喜欢吃零食（小鼠或大鼠），并且很难保持安静——尤其在夜里，它几乎每分钟都会发出一声啼鸣。作为一个室友，哈尔西几乎和一个吵吵闹闹的年轻人没有任何区别——除了它已经将这一状态保持了 20 多年。

美洲雕鸮（*Bubo virginianus virginianus*），无危
锐利的眼神和直立的耳簇赋予了这种生活在北美洲和南美洲的可怕猎手相当特殊的外观。美洲雕鸮不仅几乎没有天敌，还拥有强大的适应能力——无论是在乡村还是在城市，是在海拔接近海平面的平原还是在海拔超过 3 000 米的山区，它们都能在各种生态环境中繁衍生息、睥（pi）睨（ni）众生。

刺山龟（*Heosemys spinosa*），濒危

刺山龟来自东南亚的热带雨林，它们背甲的边缘环绕着一圈尖刺，使它们看起来就像是一种融合了乌龟和螃蟹的特点的"杂交动物"。人们对这种龟的习性知之甚少，只知道它们的交配行为似乎与降雨有关。

持棒棘腹蛛（*Gasteracantha clavigera*），未予评估

这种长着尖刺的小型蜘蛛在求偶时会跳一种独特的舞蹈。雄性持棒棘腹蛛会踩着鼓点节奏接近雌蛛精心编织的蛛网。交配完成后，雌蛛会将蛛卵产在一个卵袋中，这个卵袋会在小蜘蛛孵化后的数周时间内保护它们的安全。

蓝马鸡（*Crossoptilon auritum*），无危

这种大型野生雉鸡的耳部覆盖着一簇簇白色的羽毛，看起来就像是一条随着微风飘扬的薄纱围巾。它们生活在中国中部、西南部等地的山区，以浆果等植物为食。雄性蓝马鸡的体型一般大于雌性。

得州盲螈 (*Eurycea rathbuni*), 易危

在这种两栖动物几乎空无一物的脸部后方, 向后延展着羽毛状的深红色外鳃。得州盲螈生活在漆黑无光的水底洞穴或深潭之中, 这种特殊的外鳃结构可以帮助它们在这种环境下进行呼吸。它们仅分布于美国得克萨斯州圣马科斯的几处栖息地中, 因为终年生活在无光的环境之中, 它们的眼睛已经完全退化。

世界上有 3 000 多种竹节虫，其中一些种类拥有极其精妙的伪装术，甚至连植物的花蕾和叶脉也都模拟得惟妙惟肖。

从左到右：普通竹节虫（*Orxines xiphias*），未予评估；亚利桑那竹节虫（*Diapheromera arizonensis*），未予评估；马岛柯氏竹节虫（*Achrioptera fallax*），未予评估。

从左到右：竹节虫（*Phasmatidae* sp.），未予评估；饥长足异螔（xiū）（*Lonchodes jejunus*），未予评估；小扁竹节虫（*Trachyaretaon brueckneri*），未予评估。

东黑白疣猴基库尤亚种（*Colobus guereza kikuyuensis*），无危
这种分布于肯尼亚中部地区的大型猴类长着一条毛茸茸的、
比身体还要长的大尾巴。它们以紧密联系的家庭为单位生活
在树冠之中。为了警惕潜在的捕食者，夜晚它们会轮流守夜，
确保总有一位家庭成员保持清醒。

布氏蛮羊（*Ammotragus lervia blainei*），易危

这种矮壮的羊生活在北非地区干燥的山区中，它们脖子下长长的毛发几乎能垂至地面。布氏蛮羊在很早之前便被引入美国西南部和欧洲部分地区，因此这两地至今仍有野生种群存在。

苏里南角蛙的嘴宽甚至大于它们的体长。

它们是贪婪的食客，因此获得了

"吃豆人① 蛙"

的绰号。

这种蛙会吞食任何能塞进嘴里的东西，

甚至能吃掉和它们体型相差无几的动物。

① 译注：《吃豆人》是一款经典的街机游戏，游戏主角会不停地
吃掉迷宫内的豆子。

苏里南角蛙（*Ceratophrys cornuta*），无危
这种蛰伏在南美洲热带雨林中的伏击型猎手会将身子掩埋在淤泥中，
只露出脸部，等待毫无防备的倒霉蛋（老鼠、鱼甚至是同类的蝌蚪）
送上门来，然后用那张饕（tāo）餮（tiè）巨口将猎物吞下。它们头
顶上尖尖的角状突起可用于吓退捕食者。

圣歌女神裙绡蝶（*Mechanitis polymnia*），未予评估

这种来自拉丁美洲的蝴蝶的毛毛虫会结出一个金光闪闪的蛹，并躲在其中等待羽化成蝶。蝶蛹金属色的外表面会反射和折射热带雨林中各种各样的光线，使捕食者眼花缭乱，难以辨认它的真实身份。

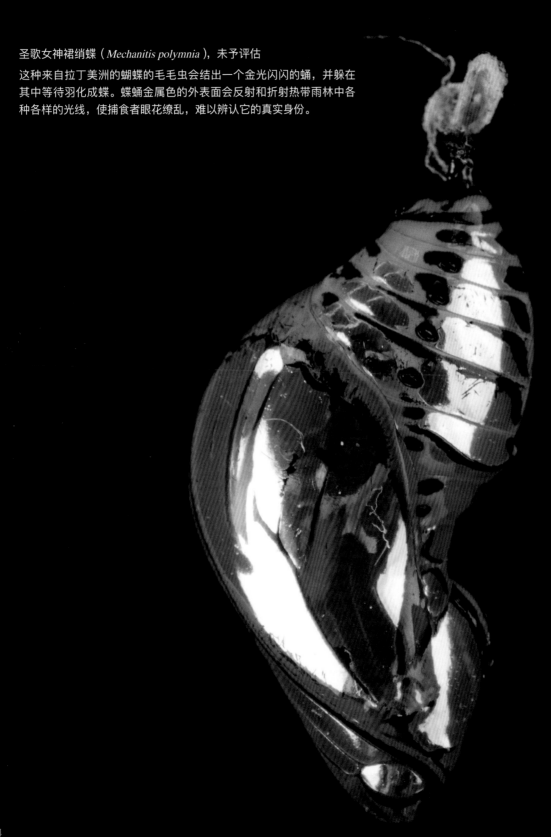

西部菱斑响尾蛇（*Crotalus atrox*），无危

当受到威胁时，这种分布于美国西南部和墨西哥的毒蛇会展示出极其可怕的威吓姿态：它们会盘成一团，高高昂起头尾，尾尖摇动的响环沙沙作响。每次蜕皮后，它们的响环便会增加一节。

235

腰斑巨松鼠（*Ratufa affinis hypoleucos*），近危
这种生活在东南亚热带雨林中的松鼠是世界上体型最大的松鼠之一。
它们拥有一条非常长的大尾巴，当它们攀附在树木的枝条之上，啃咬
着树皮、叶子、种子和水果时，这条大尾巴可以帮助它们保持平衡。

夏威夷僧海豹（*Neomonachus schauinslandi*），濒危

夏威夷僧海豹得名于其独居的生活方式和身上僧侣兜帽般的皮肤褶皱。在夏威夷僧海豹幼崽刚刚出生的几周中，它们的母亲会一直不吃不喝地陪伴在它们身边。因此在这段时间里，雌性夏威夷僧海豹的体重可能会锐减几十甚至上百千克。

布氏龙角蜣（qiāng）螂（láng）（*Proagoderus brucei*），数据缺乏

蜣螂，俗称屎壳郎，生活在除南极洲以外的所有大陆上。粪便是这些泛着虹彩的昆虫的产卵场所，也是它们的食物来源。它们中的大多数以牛、大象等食草动物富含植物纤维的粪便中的恶臭液体为食。

意外之喜

　　那天当我气喘吁吁地爬上喀麦隆一个长满草的斜坡时，一个惊喜的发现让我不禁跪下大喊起来："屎壳郎！"我来到这个山区是为了寻找难得一见的克罗斯河大猩猩，我跋山涉水了数小时却一无所获，我对此毫不意外，因为这些大猩猩十分罕见并且很警惕，它们如果闻到人类的味道或听到声音，就会立刻躲开。但当我奋力爬上一座小山，一脚踢翻了一个牛粪球后，却发现了这些迷人的屎壳郎在粪堆中扭动着。于是，事情演变成我发现了一大堆泛着虹彩的甲虫，它们带着金属光泽，在牛粪中熠熠生辉。虽然我并没有找到最初的目标，但心态决定一切——如果近距离观察这些甲虫，它们其实和大猩猩同样有趣。所以我把水瓶倒过来，抓住了一对屎壳郎，这样我就可以把它们带回营地拍照。它们的出现拯救了这场科考之旅，至今我仍惊讶于粪便里竟然生活着这么美丽的昆虫。

毛冠鹿华东亚种（*Elaphodus cephalophus michianus*），近危

毛冠鹿分布于缅甸和中国，得名于前额顶上如茅草般浓密的毛发。它们另一显眼的特征是那对如獠牙般突出的犬齿，当雄鹿为争夺领地或配偶大打出手时，这对锋利的尖牙就会成为危险的武器。

菲律宾野猪棉兰老岛亚种（*Sus philippensis mindanensis*），易危

这种野猪长着乱蓬蓬的、参差不齐的鬃毛和一对长长的、突出的獠牙。它们是分布于菲律宾的四种野猪之一。这种动物曾广布于当地的各种生态环境中，现如今仅生存在偏远的高海拔森林地区。

苏门答腊猩猩（*Pongo abelii*），极危

作为世界上最大的树栖灵长类动物，苏门答腊猩猩会频繁地梳理自己身上那长长的红色毛发。雄性苏门答腊猩猩脸颊上突起的肉垫使得那双暗色眼眸看起来更为深邃，而灵活的嘴唇则使它们可以做出一系列复杂多变的面部表情。

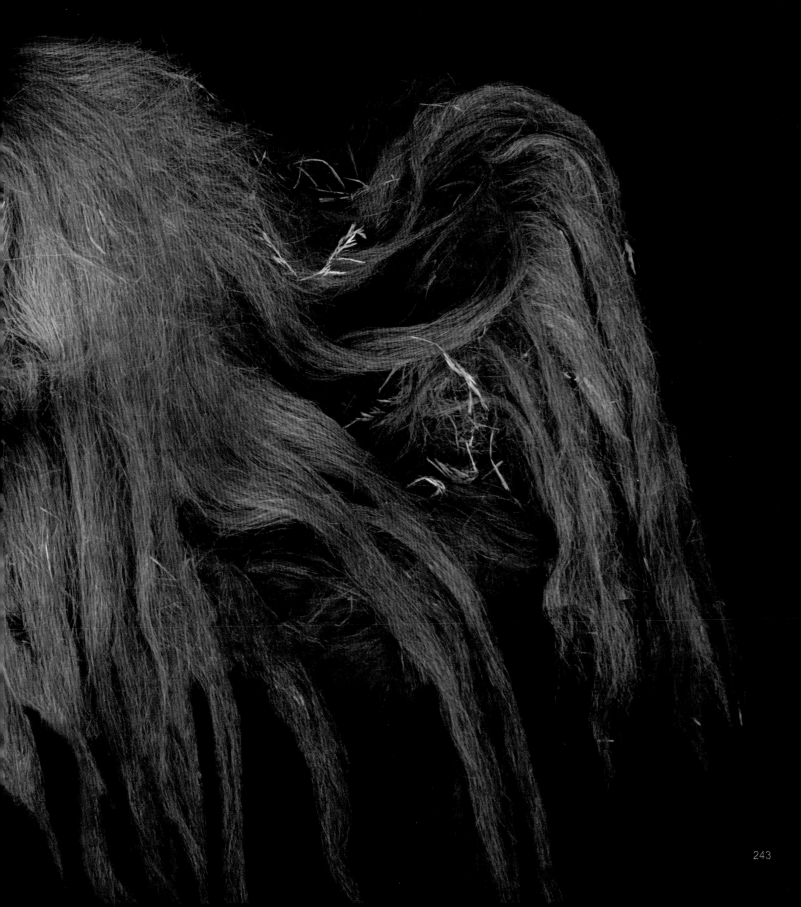

243

鲇鱼的英文俗名为"catfish"（直译为"猫鱼"），它们嘴边长着数根触须，看起来就像猫的胡须。这些鱼类主要生活在世界各地的淡水水系之中。

最上一行，从左到右：线尾半鲿（cháng）（*Hemibagrus nemurus*），无危；三线兵鲇（*Corydoras trillineatus*），未予评估；白点下钩鲇（*Hypancistrus inspector*），未予评估；

中间一行，从左到右：华美歧须鮠（wéi）（*Synodontis sp.*），未予评估；线鲿（*Bagrus filamentosus*），数据缺乏；短体下眼鲿（*Horabagrus*

brachysoma），易危；

最下一行，从左到右：深黑新鳗鲇（*Neosilurus ater*），无危；长丝巨鲇（*Pangasius sanitwongsei*），极危；头饰梳钩鲇（*Peckoltia compta*），未予评估。

最上一行，从左到右：黑鮰（*Ameiurus melas*），无危；格氏新海鲇（*Neoarius graeffei*），无危；隐齿平甲鲇（*Planiloricaria cryptodon*），未予评估；

中间一行：普氏真鮰（*Ictalurus pricei*），濒危；

最下一行，从左到右：盔平囊鲇（*Platydoras armatulus*），未予评估；斯特巴氏兵鲇（*Corydoras sterbai*），未予评估；云斑鮰（*Ameiurus nebulosus*），无危。

245

须海雀（*Aethia pygmaea*），无危

每年夏季，这种小型海鸟都会在崖壁上筑巢产卵。它们脸上敏感的须状羽毛是在黑夜中感知障碍物的得力工具。待幼雏羽翼丰满之时，亲鸟便会褪去华丽的婚羽，重返海上生活。

三声夜鹰（*Antrostomus vociferus*），近危

这种生活在北美洲东部地区的夜鹰以飞虫为食，它们嘴边的髭毛可以钩住飞行中的猎物。这种夜鹰在特定的时间产卵，令它们的幼雏能够刚好在某次满月来临之前孵化，这样亲鸟便可趁着月色整夜为它们的新生幼雏捕捉可口的昆虫。

这只玻利维亚卷尾豪猪营树栖生活，它们特殊的尾巴十分善于

抓握，

可以帮助它牢牢地抓住树枝以防坠落。

玻利维亚卷尾豪猪（*Coendou prehensilis*），无危
这种来自南美洲的豪猪生活在热带低地森林中。它们很少下地，通常
会在夜间寻找美味的水果和植物种子。

大鳞四眼鱼（*Anableps anableps*），未予评估

这种分布于南美洲的淡水鱼拥有双重视界，它们的眼睛分成了具有独立瞳孔和视野的上下两部分，分别用于观察水上和水下环境。大鳞四眼鱼有时会离水登陆，捕食泥滩中的昆虫及其他小型无脊椎动物。

勿里洞岛眼镜猴（*Tarsius bancanus saltator*），濒危

这只小小的眼镜猴有着大大的眼睛，它们的眼睛重量占身体重量的比例可能比其他哺乳动物的都大。它们仅分布于印度尼西亚的勿里洞岛。这种眼镜猴擅长跳跃，它们在夜晚的树林中跳跃穿梭，用那双大眼睛寻找猎物。

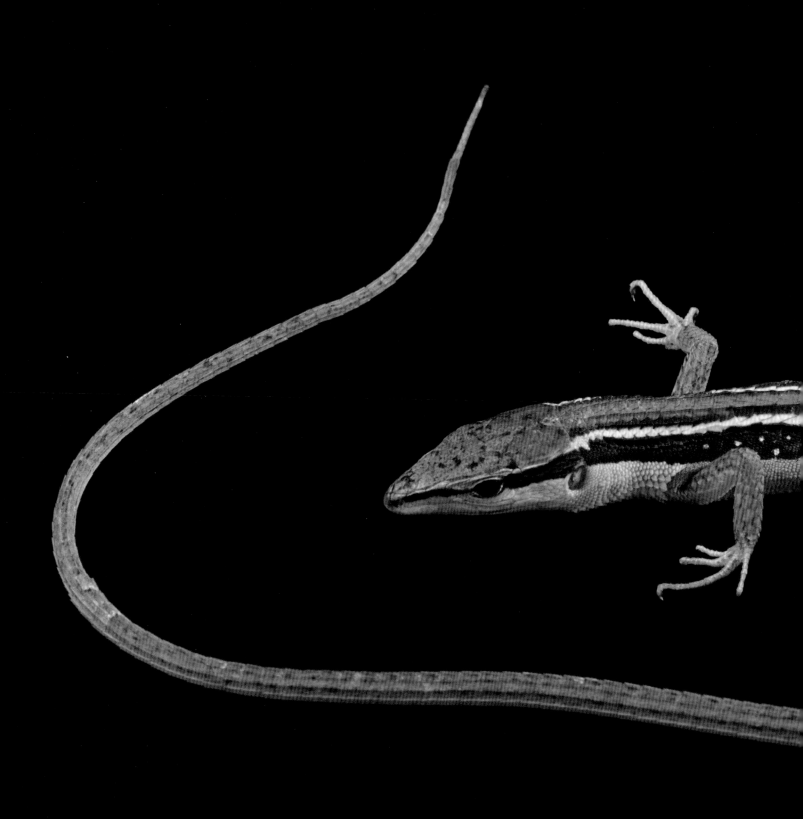

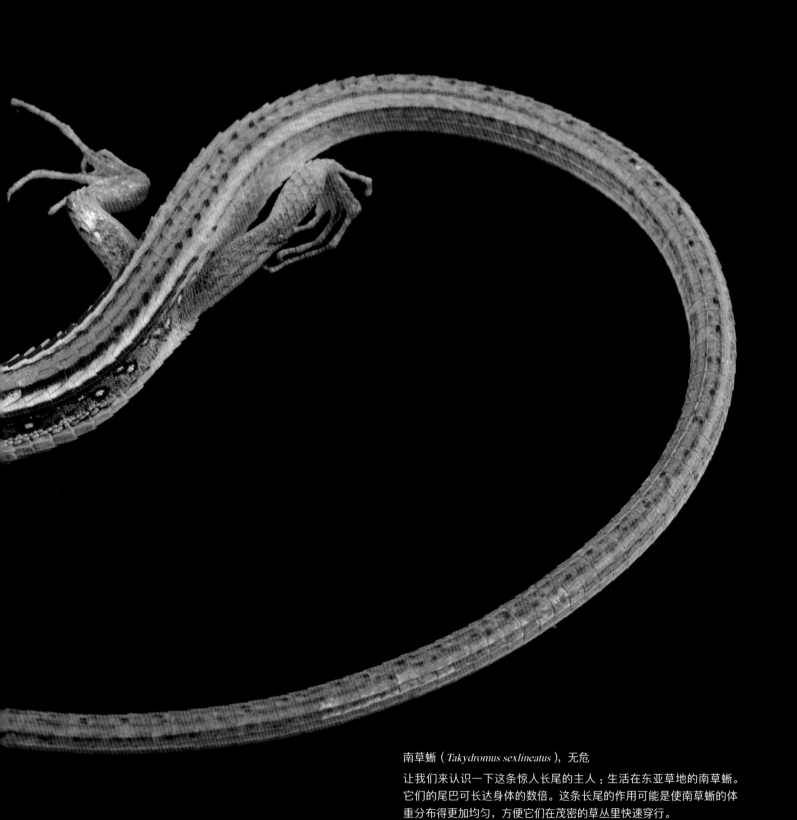

南草蜥（*Takydromus sexlineatus*），无危

让我们来认识一下这条惊人长尾的主人：生活在东亚草地的南草蜥。它们的尾巴可长达身体的数倍。这条长尾的作用可能是使南草蜥的体重分布得更加均匀，方便它们在茂密的草丛里快速穿行。

枯瘦突眼蟹（*Oregonia gracilis*），未予评估

在抵御捕食者时，还有什么能比伪装自己更有效的方法呢。这种生活在太平洋的螃蟹会从它所生活的环境中收集藻类和海葵等物，然后把这些"装饰物"通过钩子般的刚毛挂在自己的甲壳上。

巴西彩树捕鸟蛛（*Typhochlaena seladonia*），未予评估

这种捕鸟蛛生活在巴西大西洋沿岸森林中，有着缤纷的体色。巴西彩树捕鸟蛛会从树上撕下小片的树皮和地衣，用于建造自己捕猎陷阱上的秘密活板门。它们就躲在这个陷阱之下，等待粗心大意的猎物经过，并发动出其不意的攻击，然后将猎物拖回藏身处享用。

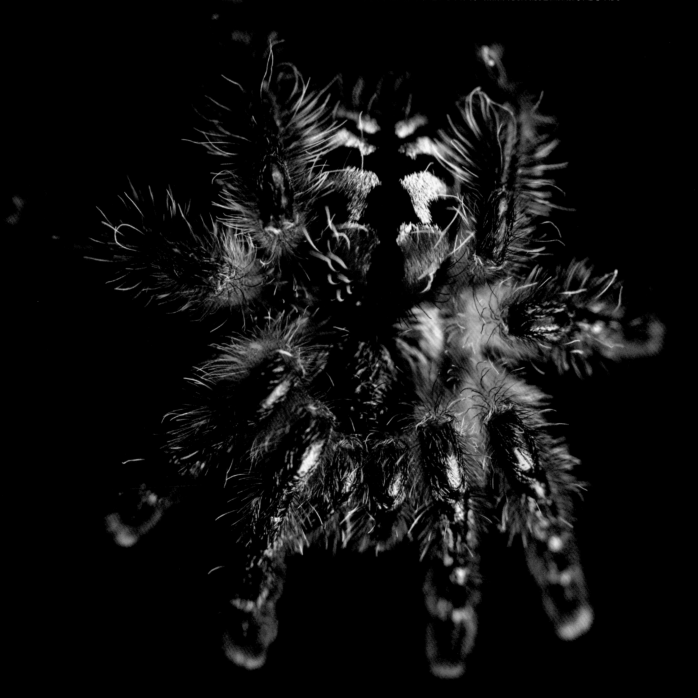

婆罗洲孔雀雉（*Polyplectron schleiermacheri*），濒危

这种濒临灭绝的孔雀雉头上有毛茸茸的羽冠，腿上有锋利的"踢马刺"，身披闪亮的羽衣，还长着一条优雅的尾巴。外表华贵的它们昂首阔步地穿行在婆罗洲的森林之中。人们认为，这种濒危的鸟类目前仅存不到 2 500 只。

土狼东非亚种（*Proteles cristata septentrionalis*），无危

这种土狼看起来就像是大卫·克罗克特（Davy Crockett）戴过的毛茸茸的帽子①。一只土狼每年可以吃掉上亿只白蚁，这使它们成了人们防治害虫的好帮手。它们保护非洲农民的庄稼免受虫害，帮助人们控制放牧的草场上的白蚁数量。

① 译注：一种用浣熊皮毛作为装饰的帽子。

电鳗（*Electrophorus electricus*），无危

这条巨大的电鳗生活在南美洲浑浊的河流之中，它长有 3 个放电器官，可以释放出不同强度的电脉冲。电鳗用较低强度的电脉冲在昏暗无光的河水中导航、觅食和寻找配偶，用较高强度的电脉冲击晕猎物。

浑身带电

移动一条电鳗不仅需要穿戴长度及肩的加厚橡胶手套，还需要过人的勇气。在大多数水族馆中，没有人愿意接触这种危险的动物。电鳗可以通过放电击晕或杀死猎物、击退捕食者以及进行个体间的交流。当我在美国俄克拉何马州水族馆为一条电鳗拍照时，一位饲养员告诉了我水族馆的首席运营官肯尼·亚历克索普洛斯（Kenny Alexopoulos）被电鳗电击的故事。当时他站在梯子上，试图捞出一根掉进电鳗缸里的束线带。后来当我询问亚历克索普洛斯时，他这样告诉我："就在我用手抓住那根束线带时，那条电鳗狠狠地电了我一下。"电流瞬间涌入他的身体，几乎将他从梯子上击倒在地，强烈的电击感令他痛苦地惊声大叫。最意想不到的是，电鳗缸中的电极接收器接收到了电脉冲信号，并将它转换为声音广播给了在场的游客们。他说："那听起来就像一把电锯发出的声音。当我从水族馆后台工作区域走出来时，所有目睹了这一幕的孩子都十分想知道被电一下究竟是什么感觉。"尽管亚历克索普洛斯不愿再被电一次，但他却十分满意这次的节目效果。

粗喉叶尾守宫（*Saltuarius salebrosus*），无危

这种来自澳大利亚的小型爬行动物凭借精湛的伪装技术能轻易隐匿身形。它们身长约 13 厘米，像极了落叶、烂木片或是一块长满地衣的石头。这种伪装帮助粗喉叶尾守宫与澳大利亚昆士兰州干旱的地表环境完美地融为一体。当遭到攻击时，这种小型壁虎显眼的大尾巴往往是捕食者的优先攻击目标，而它们可以趁机断尾逃生，保全身体的其他部分。

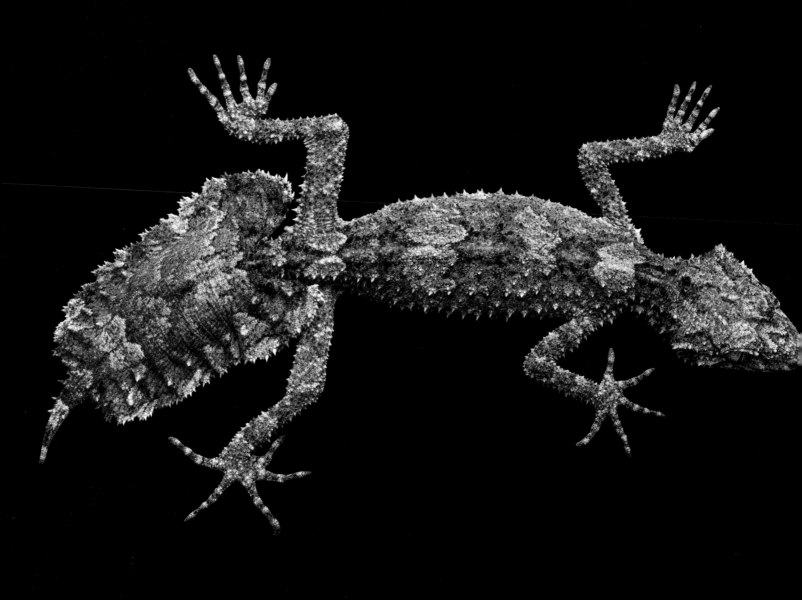

枯叶龟（*Chelus fimbriata*），未予评估

这可不是一堆湿答答的枯叶，而是一种生活在南美洲的河流、溪流和沼泽中的淡水龟！枯叶龟擅长潜藏在水底伏击过往的猎物，精妙绝伦的伪装使它们与水中环境融为一体，如呼吸管般细长的吻部则方便它们探出水面呼吸。

如果你把鸭子的扁嘴和脚蹼以及河狸的尾巴组合到一起，

再给它配上几根毒刺，你就拥有了一只

"缝合怪物"。

这种怪物就是鸭嘴兽，它是目前世界上仅有的 5 种卵生哺乳动物之一。

鸭嘴兽（*Ornithorhynchus anatinus*），近危
科学家们对鸭嘴兽浪漫的求偶过程知之甚少，但是，它们的尾巴一定在求偶中起到了作用。求偶时，雄性鸭嘴兽会游到它中意的雌性身边，用喙轻咬住对方宽阔的尾巴。此外，在鸭嘴兽卵孵化的过程中，雌性鸭嘴兽会用尾巴将卵压在自己的肚皮上。

黑白领狐猴（*Varecia variegata subcincta*），极危

黑白领狐猴母亲都十分善于规划。在生育之前，雌性黑白领狐猴会在
不同的树上建造多个巢，数量最多可达 15 个。当它的幼崽有几周大时，
黑白领狐猴母亲便会开始四处觅食，并以一天数次的频率叼着幼崽穿
梭在各个巢之间。

喜马拉雅塔尔羊（*Hemitragus jemlahicus*），近危

这种毛发蓬松的、生活在喜马拉雅山南坡的羊每天都会沿着山体做垂直迁徙。它们白天在高海拔山区活动，夜间则到海拔较低的山坡休息。由于喜马拉雅塔尔羊被多国（例如新西兰、美国、加拿大和南非等）引进，人们在很多地方都能看到它们的身影。

刺尾仙女虾（*Streptcocephalus sealii*），未予评估

仙女虾有着十分顽强的生命力，世界上现存的 300 多种仙女虾能够适应非常极端的生存环境：人们曾将某种仙女虾的虾卵用航天飞机送上太空，实验发现这些卵在没有空气、低温、无水的环境下被放置了整整一周后仍然保持活性。

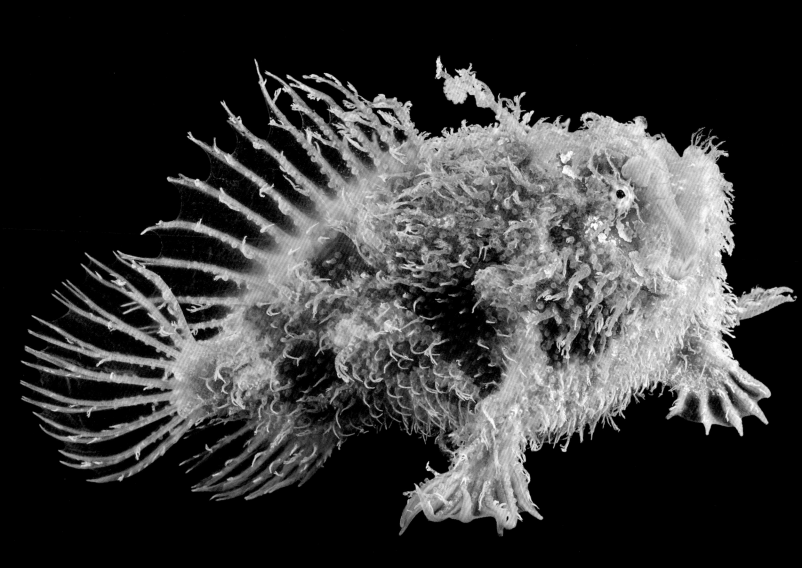

穗鳚鱼（*Rhycherus filamentosus*），未予评估

这种拥有绝佳伪装技巧的底栖动物浑身覆盖着如毛发般的皮肤延伸物，使人难以分清它究竟是海藻还是鱼类。穗鳚鱼属于鮟（ān）鱇（kāng）鱼目，这类鱼的英文俗名为"anglerfish"，意为"垂钓者"。它们会用头顶长有的"钓鱼诱饵"来诱捕猎物，其英文俗名正源自这一习性。穗鳚鱼生活在澳大利亚南岸的珊瑚礁水域中。

叶海龙（*Phycodurus eques*），无危

这种海龙的外形极像一株海藻，它的身体两侧还长有数根锋利的尖刺，可以使它躲过捕食者的攻击。雌性叶海龙产下鱼卵后，会由雄性叶海龙完成孵化的任务：在长达 8 周的孵化时间里，雄性叶海龙会将约 250 枚鱼卵装在其尾部的特殊"育儿袋"中，并孵化它们。

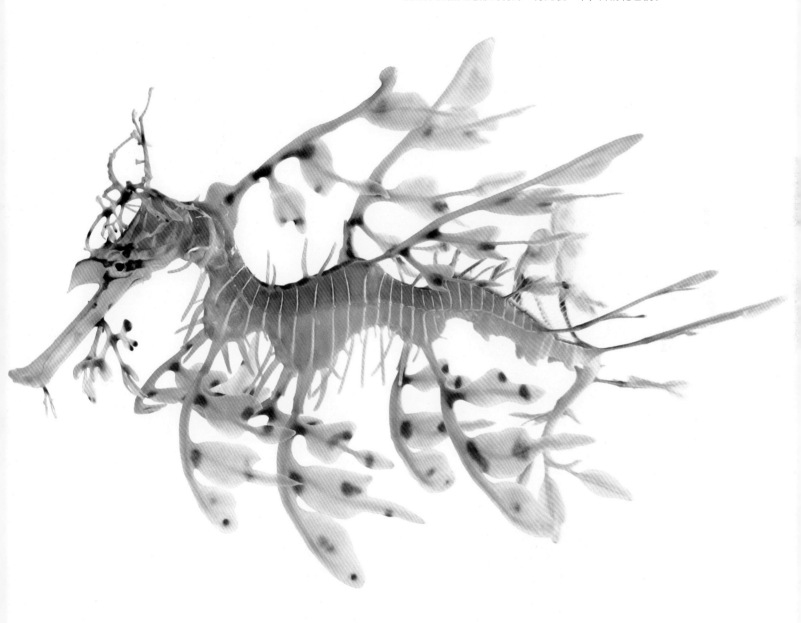

终得自由

盔犀鸟是一种外表华丽的鸟类，偷猎者们觊觎它们头部如头盔般的硬角质结构（它们的"头盔"比象牙的质地更软，可以雕刻成珠子和雕像）。一旦感知到危险，它们会极力保护自己的幼雏：雄鸟将雌鸟和幼雏一起封闭在树洞中长达数月，而自己负责通过一个小小的裂缝把食物递给妻子和孩子。当幼鸟羽翼初丰、能够飞翔时，封闭物才会被啄开。图中这只来自马来西亚槟城雀鸟公园的盔犀鸟由一名伐木工人送来，算是幸运的幸存者。在砍倒一棵大树时，他听到有不止一只盔犀鸟在树干内嘎嘎大叫。森林砍伐是威胁这一物种生存的主要因素，而在大多数情况下，被伐倒的树木内的盔犀鸟只能被困而死。这个伐木工人知道盔犀鸟非常稀有，于是把它们带到了鸟类公园。目前，这些鸟类的栖息地已被破坏，物种延续岌岌可危。

盔犀鸟（*Rhinoplax vigil*），极危
盔犀鸟是一种生活在东南亚地区的珍贵而独特的鸟类，其头部有一顶前端由坚硬的角蛋白（与犀牛角的材质相同）构成的"头盔"。盔犀鸟喜食各种植物的果实，其中无法消化的种子便会被它们以呕吐或排泄的方式传播至森林各处，因此它们也被称为"森林农夫"。

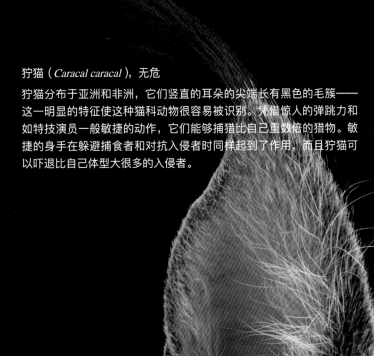

狞猫（*Caracal caracal*），无危

狞猫分布于亚洲和非洲，它们竖直的耳朵的尖端长有黑色的毛簇——这一明显的特征使这种猫科动物很容易被识别。凭借惊人的弹跳力和如特技演员一般敏捷的动作，它们能够捕猎比自己重数倍的猎物。敏捷的身手在躲避捕食者和对抗入侵者时同样起到了作用，而且狞猫可以吓退比自己体型大很多的入侵者。

普通长耳蝠（*Plecotus auritus*），无危

这种生活在亚欧地区的蝙蝠以蛾类及其他昆虫为食，它们长着一对非常大的耳朵，长度几乎与体长相当。在休息时，它们或蜷缩在空心的树木中，或悬挂在谷仓或老旧建筑的横梁之上，并将那对大耳朵如牛角一般弯向两侧。

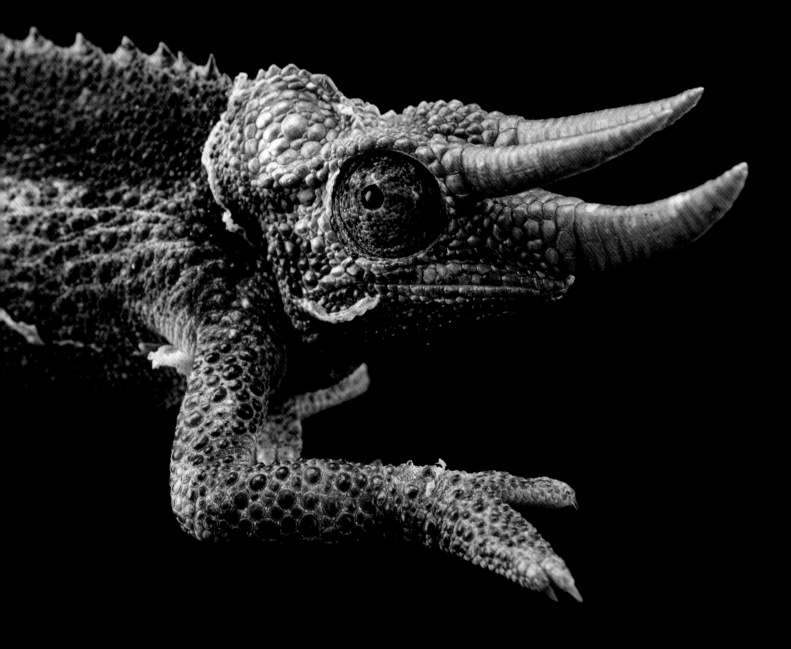

杰克逊变色龙（*Trioceros jacksonii xantholophus*）

这种来自非洲东部地区的变色龙头生三角，四肢长有尖爪，身披炫目的鳞片。如果这些已经让你惊叹不已，那不妨再来仔细观察一下它的眼睛：两只眼球彼此独立，能够分别旋转 180 度，而充满褶皱的皮肤之下仅露出了高耸的瞳孔部分。

多节拟蝉虾（*Scyllarides nodifer*），无危

这种甲壳动物在大西洋西部温暖海域中的沙石之上过着悠闲慵懒的生活，从美国南卡罗来纳州到巴西，人们都能见到它们。夜间，它们缓慢地在珊瑚礁外礁区域活动，寻找动物尸体和其他残渣碎屑为食。

魔花螳螂（*Idolomantis diabolica*），未予评估

羽毛状的触角和如叶子一般的翅膀使这种来自非洲的大型螳螂看起来就像一位外星来客。当受到惊扰时，它们会前后移动翅膀和身体，大幅度张开自己的前臂（捕捉足），展示明亮的色彩和鲜艳的花纹。

希氏美丽蚌长有一个形如小鱼的附属物，用来吸引鲈鱼等掠食性鱼类。
希氏美丽蚌会趁这些捕食者咬向

之时，

向它们体内注入自己的幼虫（钩介幼虫）。
幼虫会寄生在这些鱼的鳃中继续发育。

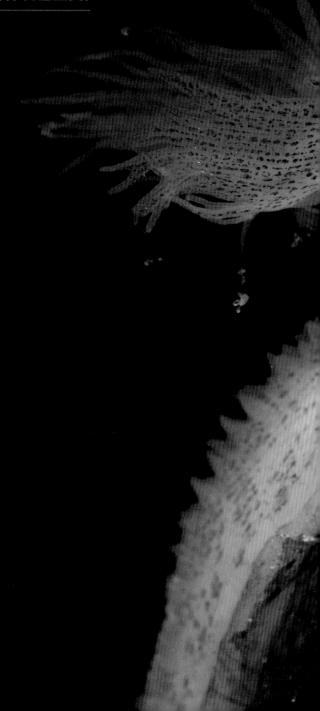

希氏美丽蚌（*Lampsilis higginsii*），濒危
这种濒临灭绝的淡水蚌仅分布于密西西比河上游和几条支流中的小块
区域。这个物种的数量之前就已经十分稀少，加上近年来受污染、栖
息地丧失、外来物种斑马纹贻贝入侵等因素的影响，它们正经历较快
的种群衰退。

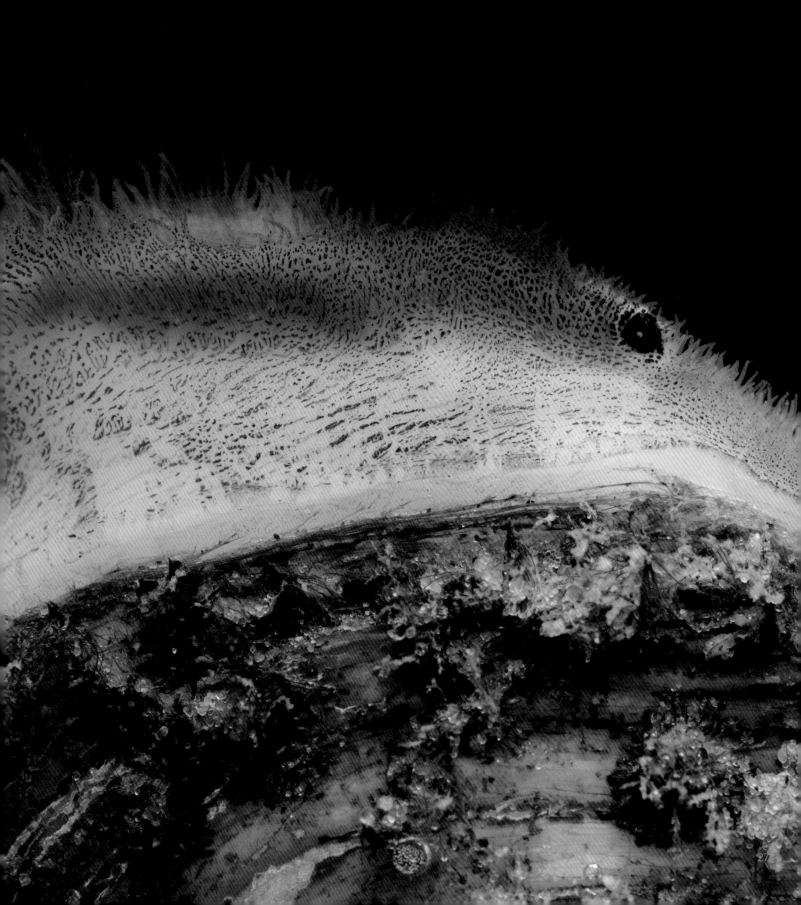

丽鹰雕（*Spizaetus ornatus vicarius*），近危

这种猛禽生活在中美洲和南美洲潮湿的森林中。它们长着如同莫霍克发型的特殊头冠，其造型可谓独树一帜。丽鹰雕会在森林中最高的那些树（可高达 30 余米）的顶端筑巢。当受到侵扰时，雌性丽鹰雕会奋力保护自己的巢。

黑冠白睑猴（*Lophocebus aterrimus*），易危

这种体态纤瘦、颜色乌黑的灵长类动物长着高耸的冠毛和蓬松的面部毛发，生活在非洲中部茂密的森林中。黑冠白睑猴会通过复杂且五花八门的方式进行沟通交流，如噘嘴、快速点头、扬起眉毛、发出"咯咯"的轻笑声和咕哝声等。

毛毛虫的颜色、形状和行为都是它们的生存工具。眼斑、如树皮或叶子一般的体色与图案以及有毒的钩刺，这些特殊的装饰物或装备能够使毛毛虫隐匿于周遭环境之中或击退捕食者。

最上一行，从左到右：鹿纹天蚕蛾幼虫（Hemileuca maia），未予评估；银纹红袖蝶幼虫（Agraulis vanilla），无危；鞍背刺蛾幼虫（Acharia stimulea），未予评估；

第二行，从左到右：火冠弄蝶幼虫（Pyrrhochalcia iphis），未予评估；家蚕（Bombyx mori），未予评估；石冢鸟翼凤蝶幼虫（Ornithoptera euphorion），无危；

第三行，从左到右：指名文蛱蝶幼虫（Vindula arsinoe），未予评估；伊莎贝拉虎蛾幼虫（Pyrrharctia isabella），未予评估；蛱蝶幼虫（Nymphalidae sp.），未予评估；

最下一行，从左到右：美国白蛾幼虫（Hyphantria cunea），未予评估；烟草天蛾幼虫（Manduca sexta），未予评估；毒蛾幼虫（subfamily Lymantriina），未予评估。

最上一行，从左到右：夜蛾幼虫（*Noctuidae*），未予评估；无忧花丽毒蛾幼虫（*Calliteara horsfieldii*），未予评估；萧氏凤蝶幼虫（*Papilio aristodemus ponceanus*），无危；

中间一行：红黑锯蛱蝶幼虫（*Cethosia penthesilea*），未予评估；

最下一行，从左到右：某种鳞翅目昆虫幼虫；乳草灯蛾幼虫（*Euchaetes egle*），未予评估；古毒蛾幼虫（*Orgyia* sp.），未予评估。

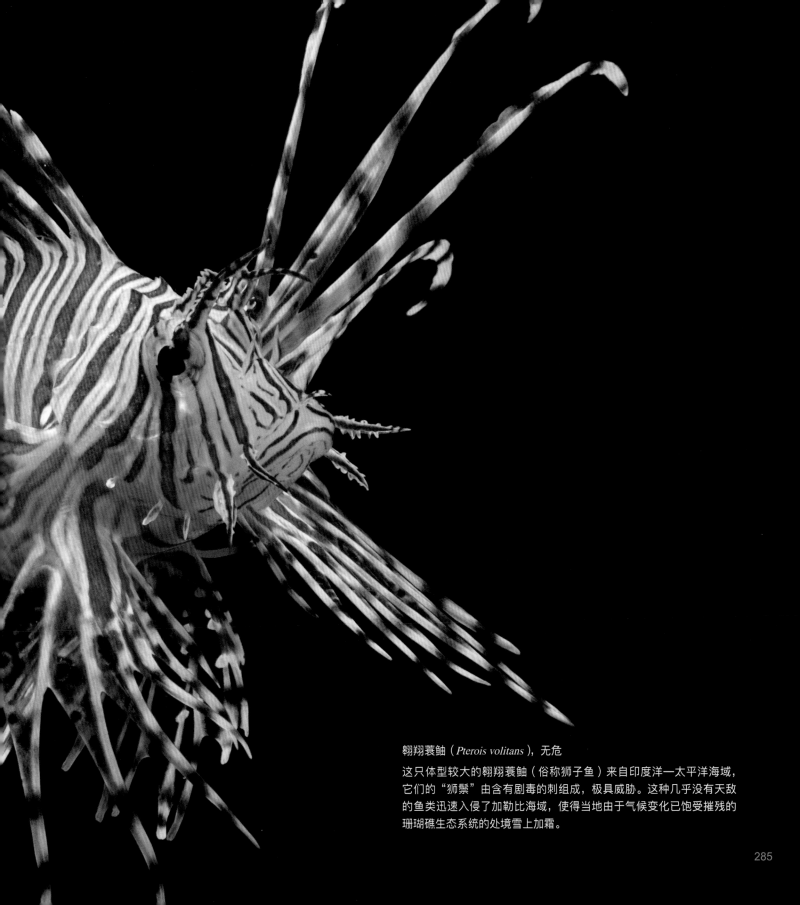

翱翔蓑鲉（*Pterois volitans*），无危
这只体型较大的翱翔蓑鲉（俗称狮子鱼）来自印度洋—太平洋海域，它们的"狮鬃"由含有剧毒的刺组成，极具威胁。这种几乎没有天敌的鱼类迅速入侵了加勒比海域，使得当地由于气候变化已饱受摧残的珊瑚礁生态系统的处境雪上加霜。

太平洋海象（*Odobenus rosmarus divergens*），数据缺乏

獠牙对于生活在北极冰层上的海象而言至关重要。当它们在洋底潜泳，穿梭于浮冰之间时，唇部浓密的胡须可以提供有效的导航，而巨大的犬齿则可以帮助它们击碎头顶厚度约 20 厘米的冰层。海象还会利用这对大牙钩住冰层，拖着自己庞大的身躯爬上冰面。

佛州彩带蜗牛（*Orthalicus floridensis*），未予评估

仅有少数几种蜗牛会几乎终生栖居于树上，佛州彩带蜗牛便是其中之一。它们缓慢地在树上爬行，以树皮和叶子上生长的地衣、苔藓和真菌为食，仅在产卵之时才会造访地面。

睡个懒觉

单论冬眠时长这一点，北极地松鼠可谓是冠绝群雄。它们是冬眠时间最长的哺乳动物，每年中有 8 个月的时间都在睡觉。我在位于美国阿拉斯加州费尔班克斯市的阿拉斯加大学第一次拍摄到了北极地松鼠的照片。当时，一位研究人员"请"出了一对正在打盹儿的北极地松鼠，并把它们放在了雪堆之上。由于临近情人节，我们还故意将它俩摆成了一个心形。

当我第二次拍摄这种动物时，并不是在它们冬眠的季节，因此它们十分机敏而警惕。这些毛茸茸的家伙总在以很快的速度到处乱窜，所以我必须快速抓拍。它们必须这样做：因为速度是北极地松鼠的生存之本，几乎每一种生活在北极的捕食者都喜欢拿它们当点心。科学家们发现北极地松鼠的大脑在冬眠时会损失神经突触，而当它们从冬眠状态中苏醒、恢复体温之时，其脑内的这些神经细胞又会奇迹般地重新连接。科学家们正在大力研究这一奇妙的过程，以及它们身上特有的其他一些神奇的神经生物学现象，试图为治疗人类的阿尔茨海默病和创伤性脑损伤提供线索。

北极地松鼠（*Urocitellus parryii*），无危
从这些北方极寒之地的常住民建造居所的技巧中就可知其足智多谋。它们为了使居住环境满足温暖、安全和舒适等不同需求，会建造三种不同的地洞：第一种是冬眠用的地洞，北极地松鼠会在其中塞满地衣、泥土等材料，以达到最佳的保暖效果；第二种是逃生用的隧道，用于躲避天敌；第三种则是多室格局的地洞，用于养育后代。

澳洲魔蜥（*Moloch horridus*），无危

澳洲魔蜥身上多刺的"盔甲"不仅仅是为了自卫。这种动物居住在澳大利亚炎热干燥的内陆地区，这样的身体构造能帮助它们收集身体表面的冷凝水。短短一天之内，它们便可以将鳞片的颜色从棕色或橄榄色变为浅黄色。

西伯利亚北山羊（*Capra sibirica*），近危

在每年的发情期或交配季节，雄性西伯利亚北山羊会用它们巨大的
角来争夺配偶。雄性厚实且带有脊状结构的羊角长度在 0.9~1.8 米之
间，虽然雌性也有角，但相比之下它们的角更薄且更短。

大小至关重要——至少鼻子的大小对长鼻猴来说是这样的。

它们的鼻子越大，

叫声 就越大。

在雌性稀缺的情况下，

雄性长鼻猴洪亮的叫声可以帮助它们吓退那些前来争夺配偶的竞争对手。

长鼻猴（*Nasalis larvatus*），濒危

尽管婆罗洲的树林是这些长鼻猴的首选家园，但它们从不远离河流，而且它们都是出色的游泳健将。如果要穿越的河道相对狭窄，它们能从一棵树直接跳到对岸的另一棵树上。

尖喙蛇（*Gonyosoma boulengeri*），无危

科学家们无法解释为何这种来自越南北部和中国南部的无毒蛇吻部会
有一个覆鳞的小角。这种蛇是夜行性动物，栖居在树上。它们的体色
会随着生长发育而发生变化：刚出生的小蛇在生命中的前两年身体呈
灰褐色，发育成熟后身体则会变成蓝绿色。

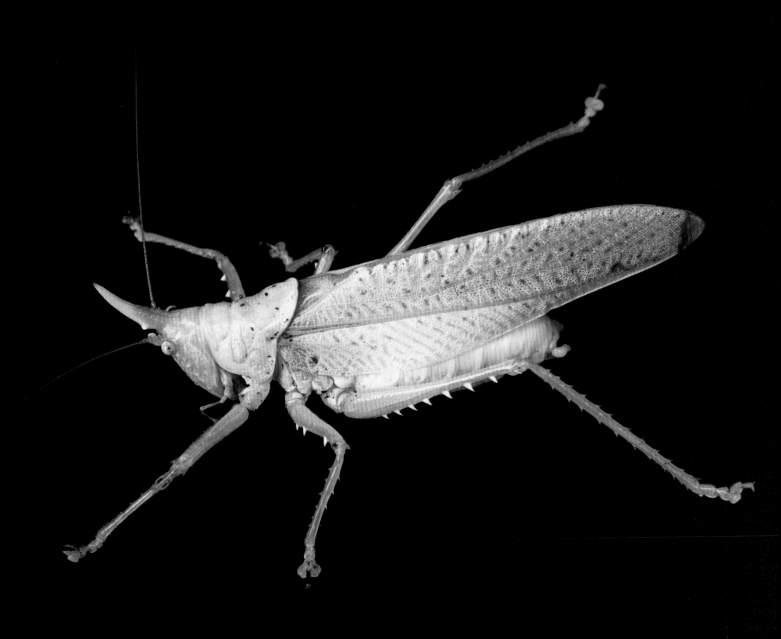

青牛螽斯（*Copiphora rhinoceros*），未予评估

尽管大多数螽斯都是严格的素食主义者，但这种来自中美洲的螽斯除了吃水果和种子之外，还会用它强壮的咀嚼式口器捕食小型蜥蜴等动物。它头顶上的"犀牛角"则是用于抵御蝙蝠的有力武器。

美洲瘤鸭（*Sarkidiornis sylvicola*），无危

只有雄性美洲瘤鸭的喙上长有独特的瘤状突起。在非繁殖季，雄鸭的瘤状突起会变得相对较小，同时它们头上鲜艳的金色光泽也会消失。

墨西哥蜜罐蚁（*Myrmecocystus mexicanus*），未予评估

这种总是忙忙碌碌的蚂蚁生活在繁茂与贫瘠交替变化的沙漠之中，它们也因此发展出了一种独特的生存模式：在植物繁茂的时期，墨西哥蜜罐蚁中的"觅食蚁"会把收集到的食物反刍给被称为"蜜蚁"的特化工蚁，这些蜜蚁则用膨大的腹部来储备这些度过旱季所必需的食物——它们是蚁群的"粮仓"。

六斑刺鲀（*Diodon holocanthus*），无危

当被捕食者攻击时，六斑刺鲀会吞下许多水或空气，使自己膨胀成一个近乎完美的球体，看起来就像一个长满尖刺的气球。在这一过程中，甚至连它的脊椎都会因为身体的膨胀而发生弯曲。那些覆盖六斑刺鲀体表的尖刺实际上是鳞片，而其他大部分鱼类的鳞片都是扁平的。

长鳍钩鲶（*Ancistrus dolichopterus*），无危

这种生活在中美洲和南美洲的小型淡水鱼长着肉质的触须、吸盘状的嘴和真皮齿，非常适合它们以水体表层的藻类、微型动物和碎屑物为食的生活方式。

第四章

姿态
Attitude

出乎意料

在学术殿堂里，拟人化（即将人类的特征赋予其他动物）是备受诟病的。然而，我们大多数人其实都会情不自禁地将动物拟人化。我们总能从动物的脸、手势和姿势中看到自己的影子。这是我们喜欢参观动物园和野生动物中心的一个重要原因，也是"影像方舟"项目的一大魅力所在。

你瞧短肢领航鲸那宽大的薄嘴唇，它的嘴角微微上扬，看起来仿佛在微笑；蓬尾婴猴看起来像是受到了惊吓，瞪大的眼睛和蜷曲的尾巴似乎表明它在时刻警惕着任何可能的危险；东方仓鸮就像一位正义凛然的交通警察；赤猴看起来则像一个委屈巴巴的心碎情人；得克萨斯鼍（tuó）蜥是一位时髦的派对潮男；草原犬鼠则宛如一个胆小鬼。

科学家们不赞成此类以人为类比对象的解释，因为这样做会模糊对动物自身意图的理解。对我们来说，猕猴收回嘴唇露出牙齿似乎是在对着镜头微笑，但对它的同类而言，这可能是在释放警告信号。蜜蜂的舞蹈在我们眼里可能毫无规律可言，但研究人员在几十年孜孜不倦的研究中发现它们的舞蹈其实包含传递着方位的信息。

不过，也许我们将世界上的其他动物拟人化，是一种令我们意识到自己与其他生物之间有着诸多联系的方式。毕竟，这就是"影像方舟"项目的使命：邀请人们仔细观察与我们共同生活在这个星球上的成千上万种动物，并在某个"感同身受"的瞬间"化身"为它们，体会它们的喜怒哀乐，由此发自心底地关爱它们。

第 302~303 页图：爪哇豹（*Panthera pardus melas*），极危
第 304 页图：蜜熊（*Potos flavus*），无危

沙狐（ *Vulpes corsac* ），无危
这种狐狸生活在中亚和东北亚的干草原及半干旱地区，因其周身柔软、厚实的皮毛而被贪婪的人类所觊觎。它们会占据土拨鼠等动物所挖掘的洞穴，并居住在一连串彼此相邻的洞穴群之中。

茹鲁阿红吼猴（*Alouatta juara*），无危

茹鲁阿红吼猴的叫声很响亮，甚至可以说极其响亮。黎明时分，一群群红吼猴会齐声发出低沉的吼叫声和高亢的咆哮声，这种震耳欲聋的"合唱"哪怕在几千米外都清晰可闻。研究表明，叫声较为低沉的雄性茹鲁阿红吼猴的生殖器通常较小。

南方鹤鸵（*Casuarius casuarius*），无危

南方鹤鸵是一种性格害羞、以水果为食的鸟类，但它们有时候却会表现得相当"狂野"：当南方鹤鸵迈开强壮有力的长腿，用锋利的鸟爪蹬地，在雨林中猛冲而过时，或是当它们从喉咙中发出粗犷而响亮的鸣叫声时，它们简直完美契合了人们心中对恐龙的印象。

这种体型巨大且失去了飞行能力的鸟类一度被称作世界上最危险的鸟类。

它们以

暴躁

的脾气著称，也是少数几种有杀死成年男性记录的鸟类

之一——尽管此类恶性事件发生的概率极低。

尔氏长尾猴（*Allochrocebus lhoesti*），易危

这种猴子生活在非洲刚果河流域的上游地区，它们会使用数种威吓方式来斥退侵入其领地的其他动物：张大嘴巴、扬起眉毛、向后收起耳朵并死死地瞪着闯入者，或者反复点头。有时它们会同时做出这几种动作以达到最佳的恫吓效果。

巨型螽斯（*Stilpnochlora couloniana*），未予评估

这种富有光泽、擅长跳跃的昆虫分布于加勒比海地区和美国东南部的部分地区，是美国体型最大的螽斯。巨型螽斯生活在落叶乔木的树冠之中，仅在夜间活动，精湛的伪装使它们看起来就像是一片鲜亮的绿色树叶。

夏威夷鵟（kuáng）（*Buteo solitarius*），近危

当地人称呼这种猛禽为 'io，它们是唯一一种生活在夏威夷群岛上且不迁徙的鵟，以其在捍卫领地时的凶猛而著称。成年夏威夷鵟会反复向闯入者快速俯冲，而当入侵者被赶走后，它们则会骄傲地翱翔于领地上空以宣示主权。

绿拟椋（liáng）鸟（*Psarocolius viridis*），无危
这种来自南美洲的鸣禽生活在亚马孙流域潮湿的热带雨林中。在那里，它们尽情地炫耀着自己婉转动听且丰富多变的鸣声。绿拟椋鸟能发出叽喳声、喵喵声、微弱的哨声，以及一种带有回音的、宛如马林巴琴声般的敲击声。

路的尽头

　　那天我住在马达加斯加的小汽车旅馆里，天气炎热到令人难以入眠。一只壁虎趴在我床铺的正上方的天花板上俯视着我。这个小家伙虽然住在一口老挂钟后面，但它的叫声却从来没有准时过。此前几日，我们都在这个我所见过的治安情况最糟糕的国家驱车赶路。危险的公路上车匪路霸猖獗横行，警方的检查站关卡重重。我们此行的最后一站是一座位于马达加斯加北部海岸的小岛。登岛的渡船慢如龟速——慢到你甚至可以趴在船边钓鱼！单程航行就耗费了我们两个多小时，但一登陆我们便发现，这一切辛苦都是值得的。在一条狭窄而泥泞的土路的尽头有一家动物园，而在园中深处的一个笼子里，我们看见了 3 只瓦氏冕狐猴。它们瞪着好奇的大眼睛，毛色洁白如雪。这种动物太罕见了，甚至可能这 3 只便是世上仅有的圈养瓦氏冕狐猴。我们怀着激动的心情迅速从背包中掏出设备，连接上园方专门为我们提供的供电电源。不到一个小时，这种美丽生灵便成功登上了"影像方舟"。

瓦氏冕狐猴（*Propithecus deckenii*），极危
这种极度濒危的狐猴是少数几种能够生活在马达加斯加黥（qíng）基地区的动物之一，因为这里遍布着高耸的石灰岩。瓦氏冕狐猴的四肢适应了这种复杂的地形，它们能够在陡峭的悬崖和峡谷中轻松穿行，来去自如。

豹纹守宫（*Eublepharis macularius*），未予评估

易怒好斗的幼年豹纹守宫在遇到危险时会用四肢高高地撑起身体，发出刺耳的尖叫声和难听的嘶鸣声，然后向前猛扑以图吓跑入侵者（有时某些成年守宫也会这样做）。如果这些招数都不奏效，它们就会断尾以吸引捕食者的注意，然后伺机逃走。

蓬尾浣熊（*Bassariscus astutus*），无危
蓬尾浣熊是浣熊科成员之一，它们的攀爬技术可谓一流。在一条长尾巴和能够 180 度灵活旋转的后足的帮助下，这些生活在北美洲西部的夜间"忍者"能够在垂直的崖壁、树木和仙人掌上敏捷地上下攀爬，如履平地。

黑掌树蛙（*Rhacophorus nigropalmatus*），无危

这种树蛙长着一对大眼睛。它们生活在东南亚的雨林之中，带蹼的手脚令它们能在雨林的树冠之间自由滑翔。它们仅在产卵时才会离开其位于树冠的栖所，将卵产在位于池塘上方的枝叶上的泡沫巢之中。

四线树蛙（*Polypedates leucomystax*），无危

这种长相甜美的小型蛙类广泛分布于东南亚地区，甚至包括城市等各种人造环境。它们常常在死水潭和路边的水洼中产卵。饥肠辘辘的蝌蚪就在这些水潭中以腐烂的植物和无脊椎动物为食，有时甚至会吞食同类。

淡水螯虾也被称为蝲（là）蛄（gǔ）或泥虫，它们生活在小溪和其他淡水水体之中。如果受到威胁，它们会抬起并张开巨大的前爪威吓敌人，同时向后移动。

最上一行，从左到右：棕榈原螯虾（*Procambarus pubischelae*），数据缺乏；二斑螯虾（*Cambarus graysoni*），无危；粗壮螯虾（*Cambarus hazardi*），未予评估；

中间一行，从左到右：佛迪圆钳螯虾（*Fallicambarus fodiens*），无危；克氏原螯虾（*Procambarus clarkii*），无危；库萨河多刺螯虾（*Faxonius spinosus*），无危；

最下一行，从左到右：迪瓦兹烈焰圆刺螯虾（*Cambarus deweesae*），无危；北部清水螯虾（*Faxonius propinquus*），无危；佛罗里达蓝螯虾（*Procambarus alleni*），无危。

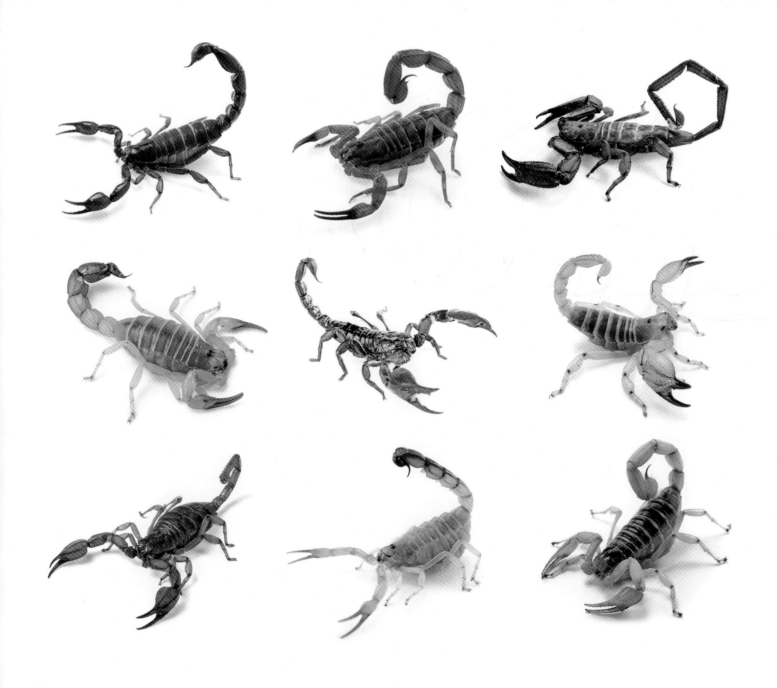

世界上有约 2 000 种蝎子，它们有着标志性的弯曲尾巴、毒刺和可怕的钳子，其中一些生活在地球上最恶劣的环境中。

最上一行，从左到右：凯氏猎舟甲蝎（*Caraboctonus keyserlingi*），未予评估；红木蝎（*Babycurus jacksoni*），未予评估；斑马扁石蝎（*Hadogenes paucidens*），未予评估；

中间一行，从左到右：阿氏肥尾蝎（*Androctonus amoreuxi*），未予评估；蓝青异蝎（*Heterometrus cyaneus*），未予评估；中东金蝎（*Scorpio maurus*），未予评估；

最下一行，从左到右：狭长螯尾蝎（*Urodacus elongatus*），未予评估；黄肥尾蝎（*Androctonus australis*），未予评估；亚利桑那巨毛蝎（*Hadrurus arizonensis*），未予评估。

亚洲小爪水獭可以通过观察

朋友们

的行为来学习怎样寻找食物或解决各种困难。
这种类型的社会性学习也是蚂蚁、鱼类和人类所选择的一种生存策略。

亚洲小爪水獭（*Aonyx cinereus*），易危
这些喜爱玩耍且善于社交的小水獭生活在东南亚地区的淡水水系和沿
海地区。它们是技巧高超的游泳健将，在水中动作迅速且敏捷。当它
们觅食时，那双灵巧的前爪是它们用来捕捉和取食扇贝、小鱼等猎物
的完美工具。

火焰黄膝蜘蛛（*Ephebopus murinus*），未予评估

与许多其他生活在西半球的捕鸟蛛不同，这种蜘蛛的蜇毛长在它们的前腿上而非腹部。它们生活在巴西、法属圭亚那和苏里南的潮湿森林中，其腿部完全展开时长度约为 15 厘米。

南部巨藻蟹（*Taliepus nuttallii*），未予评估

这种螃蟹生活在美国加利福尼亚州南部沿岸和墨西哥下加利福尼亚半岛沿岸的水下巨藻林中。幼年南部巨藻蟹的甲壳呈橄榄绿色，这种体色使它们可以有效地融入环境。相较之下，成年南部巨藻蟹则更为显眼，它们的体色多种多样，从深红色到近乎紫色皆有。

黑尾长耳大野兔（*Lepus californicus*），无危

在美国西南部的某些地区，你可能会看到如下情景：一只体型硕大的野兔猛地冲出它所藏身的灌木丛，纵身一跃便跳开约 6 米远，然后"嗖"的一下如箭般飞奔而去，时速可达 56 千米。它们的幼崽仅在刚出生的前几周需要母亲照料，一个月后便可独立生活。

欧亚猞猁（*Lynx lynx*），无危

这种中型猫科动物分布范围极广，从西欧到青藏高原的广阔地区，你都可以看到它们的身影。它们是欧亚大陆的顶级食肉动物之一。据说，这种视觉敏锐的猛兽名字源于古希腊神话中的英雄——林叩斯（Lynceus），传说他拥有超凡的视力，甚至能够看到位于大地深处的冥界。

针尾鸭（*Anas acuta*），无危

在其遍布北半球的繁殖地上，无数雄性针尾鸭会进行复杂而精妙的求偶仪式。它们精心梳理自己的羽毛，发出哨音般的鸣叫，以头朝下、尾朝上的特殊姿势游泳，通过令人眼花缭乱的特技飞行来追求心仪的雌性。

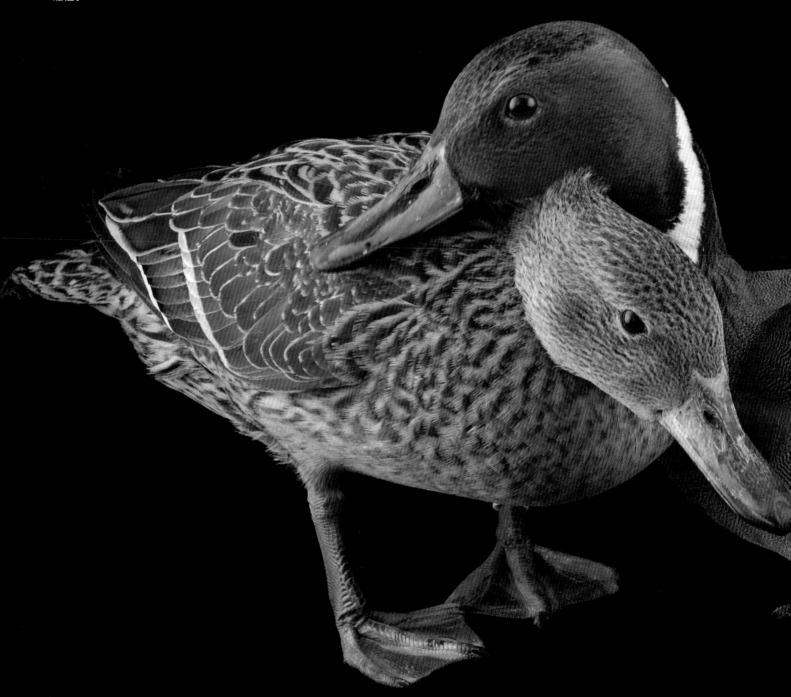

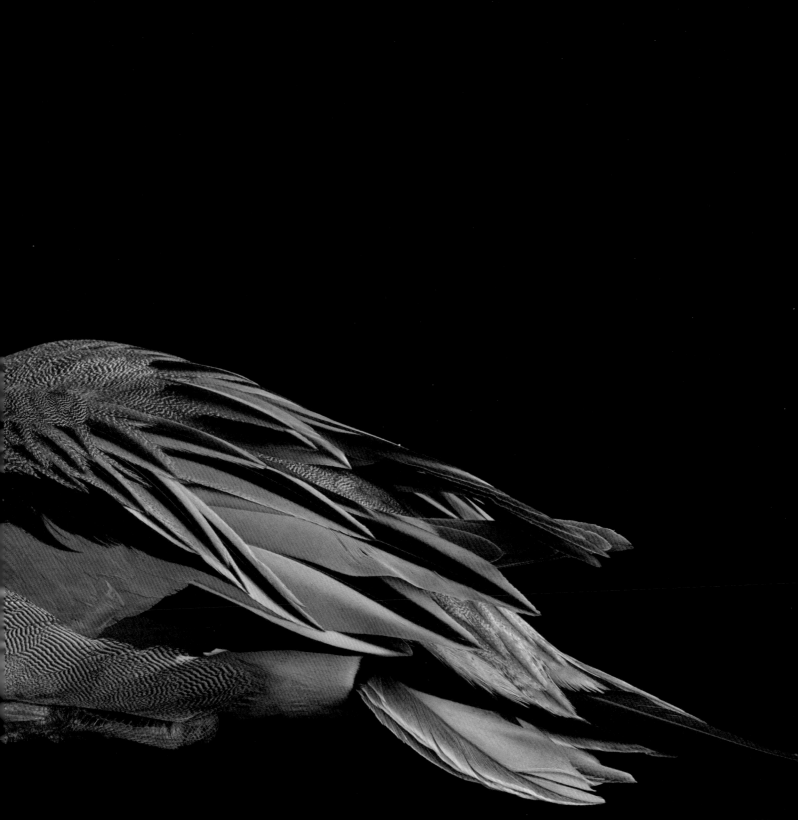

巴拉望臭獾（huān）（*Mydaus marchei*），无危

当这种来自菲律宾的小兽受到惊吓时，它会露出牙齿威吓敌人或者直接倒地装死。如果敌人仍不肯罢休，它接下来的防身手段可谓令人退避三舍：它会从肛门腺中喷出一种散发着恶臭的黄色分泌物，以此来击退敌人。

白鼻浣熊（*Nasua narica*），无危

白鼻浣熊的体型与家猫相仿，分布范围北起美国亚利桑那州，南至厄瓜多尔。雌性白鼻浣熊与年幼的雄性浣熊会组成群体一起生活，个体数量可达 40 只。群体中的雌性白鼻浣熊之间会发展出亲密而忠诚的纽带关系，这有助于它们共同保护和抚养幼兽。

大西洋牛鼻鲼（fèn）（*Rhinoptera bonasus*），易危

大西洋牛鼻鲼宣告领地的行为相当引人注目，有时它们会猛地跃出水
面，然后在响亮的拍击声中落回水中。这种鲼有着大规模迁徙的习性：
每年秋天，由数千条大西洋牛鼻鲼组成的鲼群会浩浩荡荡地离开西大
西洋海域，向墨西哥尤卡坦半岛附近的海域迁徙。

澳洲裸鼻鸱（chī）（*Aegotheles cristatus*），无危

这种鸟类生活在澳大利亚的开阔林地和灌木丛中，它们在夜间外出觅食，从栖木上俯冲而下，在飞行途中捕捉昆虫。澳洲裸鼻鸱亲鸟会用高亢的叫声鼓励羽翼未丰的幼鸟学习飞翔。

南美林猫（*Leopardus guigna guigna*），易危

南美林猫是西半球体型最小的野生猫，它们神秘莫测且热衷于树栖生活。出色的视觉、听觉和嗅觉，辅以布满斑点的皮毛和适宜攀援的脚，使南美林猫这种罕见的动物得以惬意地在它们的森林家园中过着隐秘的生活。

来吧，宝贝

南美林猫是"影像方舟"项目记录的第 10 000 个物种。我们花了一年的时间来协商安排拍摄这种珍稀的小型猫科动物。前往这种小猫所在的智利野生动物救援中心需要辗转几次航班，外加一个小时的车程，而且没人能够保证我们一定能拍到理想的照片——这些野生小猫想去哪就去哪，并不一定会配合拍照。不过运营这个机构的夫妻想出了一个能让它们配合我拍照的绝妙主意：我提前给他们寄了一个布制摄影帐篷，救援中心的女主人连续几周每天都努力让这只小猫熟悉这个新玩意儿，直到她确信它已经对摄影帐篷熟悉到会自己钻进去。拍摄当天，我仍在为能否顺利拍到照片而担忧。但令人惊讶的是，这只南美林猫径直走进了我的取景框。它热情满满，发出高兴的呼噜声，好奇地嗅着我的镜头，甚至发出了独特的"咕咕"叫声。看上去它欣然同意了让我为它拍下照片，记录它的声音，并首次将这些信息分享给全世界。

短肢领航鲸（*Globicephala macrorhynchus*），无危

雌性短肢领航鲸的寿命能够超过 60 岁，但它们会耗费数十年的时间生产和养育幼崽。一般来说，一头雌鲸一生仅会生育 4~5 头幼鲸。它们在 9~40 岁时每隔几年便会生育一次，还会帮助群体中其他雌鲸照顾幼崽。

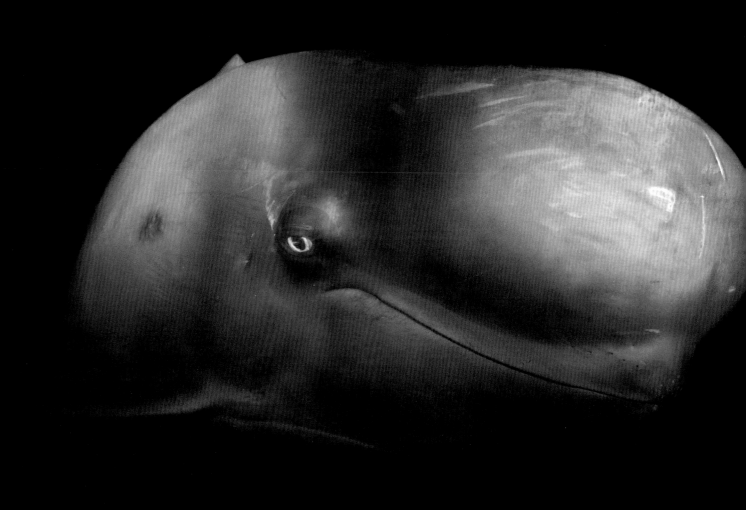

玛瑞曲颈龟库珀亚种（*Emydura macquarii emmotti*），未予评估

这种水生龟类生活在澳大利亚东部的河流、水潭和牛轭（è）湖中。相比于浅水区，它们更偏好栖居在至少 2 米深的水体中。在繁殖季节，它们会到陆地上筑巢产卵，龟卵通常会在 2~3 个月内孵化成幼龟。

东方仓鸮（*Tyto alba javanica*），无危

仓鸮有着仅凭声音便能找到猎物的特殊技巧，据说其定位的精准度在
整个动物界中无出其右。它们是如此高效的猎手：有时仅需 10~15 分
钟便可捕获一只老鼠，在填饱肚子的同时它们甚至还有余力储存额外
的食物。

我们常说的小家鼠是那些在森林、田野、山坡、沙漠和房屋中窸窸窣窣、四处乱窜的多种老鼠中的一种。

最上一行，从左到右：北非草鼠（*Lemniscomys barbarus*），无危；查克托哈奇沙滩鼠（*Peromycus polionotue allophrys*），濒危；林䶂（jué）鼠（*Sicista betulina*），无危；

中间一行，从左到右：佛罗里达棉鼠（*Peromycus gossypinus palmarius*），无危；南非棘小鼠（*Acomys spinosissimus*），无危；荒漠囊鼠（*Chaetodipus*

penicillatus），无危；

最下一行，从左到右：卫士弹鼠（*Notomys alexis*），无危；圣安德鲁沙滩鼠（*Peromyscus polionotus peninsularis*），濒危；索氏棘小鼠（*Acomys seurati*），无危。

最上一行，从左到右：北美鹿鼠（*Peromyscus maniculatus gracilis*），无危；东南沙滩鼠（*Peromyscus polionotus niveiventris*），近危；东方刺毛鼠（*Acomys dimidiatus dimidiatus*），无危；

中间一行，从左到右：北方食蝗鼠（*Onychomys leucogaster articeps*），无危；佩尔蒂朵凯伊沙滩鼠（*Peromyscus polionotus trissyllepsis*），极危；克里特岛刺毛鼠（*Acomys minous*），数据缺乏；

最下一行，从左到右：阿纳斯塔西亚岛沙滩鼠（*Peromyscus polionotus phasma*），濒危；荒漠鹿鼠（*Peromyscus eremicus*），无危；西部收获鼠（*Reithrodontomys megalotis*），无危。

赤秃猴（*Cacajao calvus rubicundus*），数据缺乏

赤秃猴面容丑陋、一脸凶光，往往被人们误以为是一种性情孤僻的独居动物。实际上，它们是性情安静、聪明、喜欢嬉戏的群居动物，以群体为单位（个体数量可达 100 只）生活在亚马孙流域的上游地区。它们以热带雨林中丰富的水果、树叶和昆虫为食。

赤猴（*Erythrocebus patas*），近危

赤猴一般集体行动，猴群中的个体数量多达 40
只，且通常只有一只成年雄猴。雌猴会凶猛地
捍卫群体的领地和资源，通常情况下，它们会
在自己出生时所在的猴群中度过一生。

343

粗皮渍螈是世界上毒性最强的动物之一，

它同时也是一位生存大师。人们曾观察到一些饥不择食的青蛙生吞粗皮渍螈的案例，

而后者仅用几分钟便毒死了它们，然后

毫发无损

地从死青蛙嘴里爬了出来。

粗皮渍螈（*Taricha granulosa*），无危
这种蝾螈皮肤中的腺体能产生一种致命毒素，其成分与某些鲀科鱼类、蓝环章鱼等有毒动物所产生的毒素成分相同，被称为"河鲀毒素"。目前，人们仅知道一种能抵抗粗皮渍螈皮肤中毒素的捕食者：普通束带蛇。

蓬尾婴猴（*Galago moholi*），无危

这种小型夜行性灵长类动物以小群体的形式生活在非洲南部的繁茂林区。它们以昆虫和相思树的树胶为食。蓬尾婴猴用响亮的叫声沟通交流，一声警报便能让数只蓬尾婴猴联合起来一同对付某个潜在的捕食者。

扁头豹猫（*Prionailurus planiceps*），濒危

这种生活在马来西亚和印度尼西亚的猫科动物十分稀有，它们有着非常适宜于水边捕猎生活的身体结构。它们能将头部浸入水中以捕捉鱼类和青蛙，较近的眼距、有力的下巴和坚固的牙齿都有助于它们发现和捕获这些滑溜溜的水生动物。

九刺弹涂鱼（*Periophthalmus novemradiatus*），数据缺乏

这种生活在印度沿海地区的鱼类常常以强壮的尾巴作为跳板，用胸鳍作为脚，往返于海水和陆地之间。当九刺弹涂鱼离开海水时，它们就会关闭鳃盖，主要依靠充满空气和水的鳃腔呼吸。

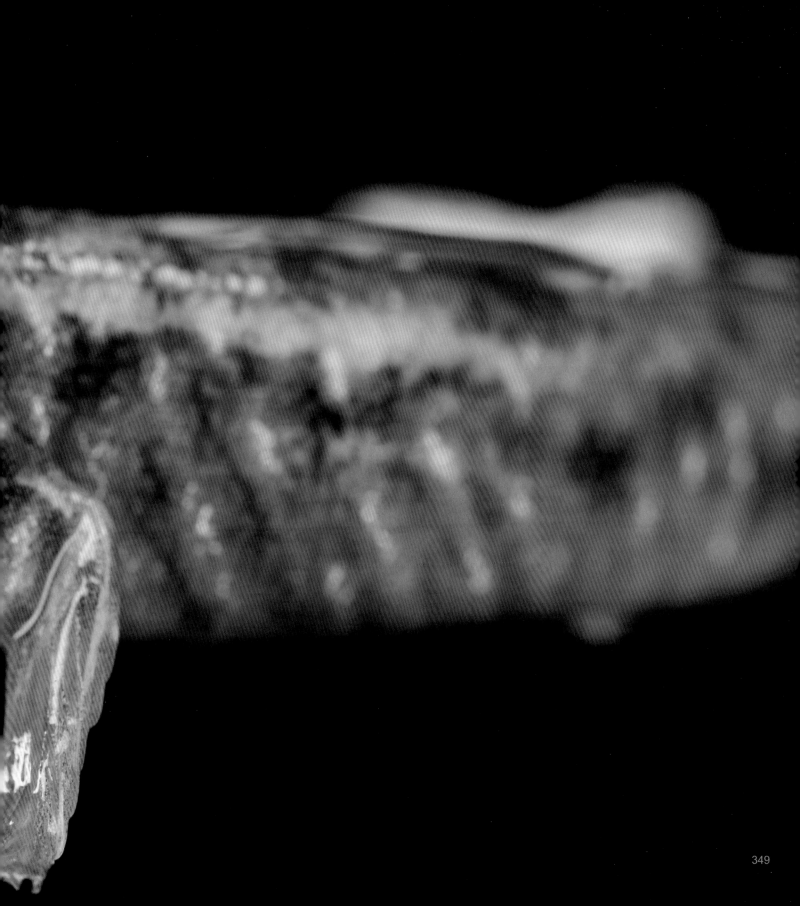

河马（*Hippopotamus amphibius*），易危

在白天的大部分时间里，河马都会躲在水塘中休息。它们通常会将整个身体没入水中，只露出用于呼吸的鼻孔。当夜幕降临时，它们才会爬上岸来吃草。当雄性河马在与对手搏斗，或是当它们在保护雌性时，它们会到处喷射粪便和尿液，咧开嘴大声咆哮，向对手展示血盆大口中锋利的獠牙。

北吕宋岛大云鼠（*Phloeomys pallidus*），无危
科学家对这种生活在菲律宾吕宋岛上行踪难定的啮齿类动物知之甚少。
它们主要生活在低地热带雨林和山地雨林的林冠之中，从沿海平原到
山地丘陵都能发现它们的身影。

早期预警

　　有一次我前往位于捷克的一家小型动物园——扎耶兹德动物园（Zoopark Zájezd），去拍摄一种名为非洲隼雕的猛禽，它们有着如剃刀般锋利的弯曲爪子。我当时正在用左手调整布景篷。那只鸟隔着帘布看到了我的影子，便猛扑过来，穿透帘布抓伤了我的手，鲜血瞬间从伤口中涌出。我不以为意，洗好手用纸巾包住伤口，继续我的拍摄工作。同一个月晚些时候，苏格兰一家野生动物康复中心的一只鸬（lú）鹚（cí）狠狠啄了我的同一只手。在这两起受伤事件之后，我的淋巴结开始肿大。6个月后，医院的检查结果显示其中一个淋巴结仍然肿胀，我随后便被诊断为I期霍奇金淋巴瘤。值得庆幸的是，我现在已经康复。我很感谢那些鸟，它们使我能在病情恶化前及时发现并得到有效治疗，因为发现得很早，我的医生说我的肿瘤目前已被彻底治愈，不太可能复发。"影像方舟"项目的工作在拯救濒危物种的同时，也拯救了我自己。

非洲隼雕（*Aquila spilogaster*），无危

这种可怕的猛禽分布于撒哈拉以南的非洲地区，是精力充沛的猎手。它们常从高高的栖木上或高空中向下急速俯冲，用剃刀般锋利的爪子攻击大型鸟类或哺乳动物。成对的非洲隼雕经常会合作狩猎。

蜂猴（*Nycticebus bengalensis*），濒危

蜂猴肘部内侧的腺体能分泌一种可使捕食者（或人类）产生严重过敏性休克的毒液。蜂猴母亲在外出觅食之前，会先用舌头给留在巢中的幼崽涂上一层毒液作为保护。

尤金袋鼠（*Notamacropus eugenii*），无危

尤金袋鼠群体的等级制度分明，由群体中最大、最强壮的个体所统治。雄性会通过互相格斗来争夺统治地位。在格斗中，它们会直立身体、扩张胸腔、展示前臂肌肉，随后，抓住对手并用强壮的后肢猛踢对方。

通常情况下，苏门答腊喷毒眼镜蛇并不凶猛好斗，

但在受到威胁时，

它们会从几米远的地方以惊人的精准度将

毒液

喷向敌人的眼睛。

苏门答腊喷毒眼镜蛇（*Naja sumatrana*），无危

想象一下，在自家后院里遇到一条眼镜蛇该多可怕！而这种事在东南亚某些地方时有发生。苏门答腊喷毒眼镜蛇不但毒性很强，分布范围还很广。它们主要以大鼠、小鼠等啮齿类动物为食，偶尔也会捕食蟾蜍。它们可以栖息在各种环境之中，人们在茂密的丛林甚至喧闹的城市中都能见到它们的身影。

西美角鸮（*Megascops kennicottii*），无危

这种分布于北美洲西部林地的小型猫头鹰能发出丰富多样的叫声。科
学家们将这些不同的叫声描述为类似弹跳球弹跳时发出的嗡鸣、颤音、
尖声吠叫声、祈求般的轻声嘶鸣、啁啾声、叽喳声和轻笑声。

虎猫（*Leopardus pardalis*），无危

西班牙语中的虎猫被称为"manigordo"，意为"大手"。它们出没在中美洲茂密的丛林中，那里是它们种群分布最密集的地区。它们在广阔的领地中过着独居生活，大多在夜里活动，为了狩猎每天会跋涉数千米的距离。

库克海峡巨沙螽（*Deinacrida rugosa*），无危

库克海峡巨沙螽是新西兰体型最大、最稀有的昆虫之一，其拉丁名直译为"长满皱纹的可怕蚱蜢"。巨沙螽在夜间外出觅食，它们漫步于丛林的地表之上，大口咀嚼着植物。这种昆虫饱受白鼬、袋貂等入侵物种的威胁，数十年来，动物保护人士一直在为提高它们的种群数量而努力。

棕鼯（wú）鼠（*Petaurista petaurista*），无危

这种来自亚洲的松鼠长有与蝙蝠和飞蛙身上相类似的皮膜，从手腕一直延伸到后腿处。它们可以从树冠顶端一跃而下，滑翔近 150 米。在滑翔过程中，棕鼯鼠可以通过放松和收缩皮膜内的肌肉来控制方向和速度。

旋角羚（*Addax nasomaculatus*），极危

在所有羚羊中，极度濒危的旋角羚最适于在沙漠中生活。数量稀少的旋角羚群漫步于尼日尔和乍得的荒原与沙漠之中，寻找可供取食的植物。旋角羚很少喝水，它们能从所吃的植物中获得足够的水分。

东部森林狼（*Canis lupus*），无危
灰狼曾经是世界上分布最广的哺乳动物，它们曾经生活在北半球的大
部分地区，成群结队地狩猎。如今，虽然该物种的分布范围已大为缩减，
但包括东部森林狼在内的几个亚种仍然在野外得以存续。

澳洲海狮（*Neophoca cinerea*），濒危

与其他种类的海狮不同，澳洲海狮即使是在陆地上也能相当灵活地行动，科学家们曾在离岸数千米的陆地上甚至是高达 30 米的悬崖上发现过它们的身影。除了自己的亲生骨肉外，雌性澳洲海狮还会养育其他海狮的幼崽，或者替外出觅食的同伴照看孩子。

纳什维尔螯虾（*Faxonius shoupi*），无危
这种大个头螯虾会在厚厚的石灰岩石板下安家，它们仅生活在流经美国田纳西州纳什维尔市的一条长约 48 千米的河流及其支流中。田纳西州全境内分布有大约 90 种螯虾。

小小终结者

  我记得小时候有一次和朋友一起去沼泽地的事。他提议道："我们来抓螯虾吧！"他爸爸会用螯虾肉作为钓鱼的诱饵。我朋友把一块肉绑在一根绳子上，然后丢进水里。不到几分钟，他就拉起了三四只小小的灰色螯虾。我祖母曾向我提到过这种动物，她管它们叫"泥虫"，但这还是我第一次亲眼见到它们。我于是捡起其中一只仔细观察。对于这只螯虾来说，我一定是一头如摩天大楼那般高大的怪兽，然后它狠狠地夹住了我，任凭我如何用力挣扎、狂甩胳膊，它就是狠狠地夹住不放。后来我又抓到了几只螯虾并养在了我的地下室"水族馆"里（我同时还在那里养着一只箱龟、一条束带蛇和满满一儿童泳池的大头鲇鱼）。没过几天，我就发现养螯虾的水缸里就只剩下一只螯虾了，原来它们竟会同类相食！这些螯虾是我认为最为顽强的小动物。

跗（fū）猴叶蛙（*Phyllomedusa tarsius*），无危

这种夜行性树蛙在亚马孙流域很常见，它们往往出没在雨后临时出现的小水池上方的枝干上。雌蛙会产下数百枚蛙卵，并将其黏附在小水池上方的叶子上。蛙卵孵化成蝌蚪后，小蝌蚪便会直接落入下方的池水中。

蓝强棱蜥（*Sceloporus cyanogenys*），无危
这种大型蜥蜴生活在美国得克萨斯州和墨西哥的岩石丘陵与灌木丛中。雄性蓝强棱蜥有着鲜艳的蓝色喉部，它们在对峙中会快速上下晃动头部。与大多数蜥蜴不同的是，雌性蓝强棱蜥并不产卵，它们会直接生出小蜥蜴，小蜥蜴通常出生于每年的 2 月到 6 月期间。

蜜蜂会通过复杂的

"摇摆舞"

来告知蜂巢的其他成员通向蜜源植物或水源的路线。

其他蜜蜂不但可以从 8 字形 "舞蹈" 中获知目标方向、与蜂巢的距离等信息，

还会从发现者的激动程度中看出蜜源植物是否丰富。

西方蜜蜂（*Apis mellifera*），数据缺乏

蜜蜂的复杂社会以蜂王为中心。蜂巢中的大多数蜜蜂都是不育的雌蜂（或称为工蜂），它们负责建造、清洁和守卫蜂巢，加工花蜜，以及照顾它们的女王。而对于雄性蜜蜂而言，其唯一的工作便是与蜂王交配。

节尾猴（*Callimico goeldii*），易危

节尾猴在亚马孙流域北部的森林中无声地跳跃和攀爬，寻找美味的真菌和水果。这种小猴子身手相当敏捷，甚至可以在跃至半空时突然改变主意，转身着陆在另一个地方。有科学记录表明，节尾猴单次跳跃的水平距离可达 4 米。

麝牛（*Ovibos moschatus moschatus*），无危
在寒冷刺骨的北极地区，食物相当匮乏且难以获取。麝牛漫步于极地苔原之上，寻找树根、苔藓和地衣。它们用强劲有力的牛蹄挖掘埋藏于冰雪之下的植物用于果腹。

得克萨斯鼍蜥（*Gerrhonotus infernalis*），无危
这种神秘莫测的爬行动物的习性和行为至今仍是个谜团。但科学家们知道它们能适应许多种栖息环境：半沙漠、针叶林、树木繁茂的峡谷、布满岩石的山坡上都有它们的踪迹。它们很可能将卵产在地下。

世界上有近 400 种鹦鹉（比如人们熟知的金刚鹦鹉、牡丹鹦鹉和凤头鹦鹉），它们遍布于全球各地的森林栖息地中。有些鹦鹉在野外环境中的寿命可长达 50 年。

最上一行，从左到右：菲律宾短尾鹦鹉（*Loriculus philippensis*），无危；双黄头亚马孙鹦鹉（*Amazona oratrix*），濒危；非洲灰鹦鹉（*Psittacus erithacus*），濒危；

中间一行，从左到右：瑞德利红胁绿鹦鹉（*Eclectus roratus riedeli*），易危；黑头凯克鹦鹉（*Pionites melanocephalus*），无危；斑点亚马孙鹦鹉

（*Amazona farinosa*），近危；

最下一行，从左到右：红胁鹦鹉（*Neophema splendida*），无危；洪都拉斯黄颈亚马孙鹦鹉（*Amazona auropalliata parvipes*），濒危；双眼无花果鹦鹉（*Cyclopsitta diophthalma*），无危。

最上一行，从左到右：艾鲁岛红胁绿鹦鹉（*Eclectus roratus aruensis*），无危；东部塞内加尔鹦鹉桔腹亚种（*Poicephalus senegalus mesotypus*），无危；玫瑰头彩绘锥尾鹦鹉（*Pyrrhura roseifrons roseifrons*），无危；霍夫曼锥尾鹦鹉（*Pyrrhura hoffmanni*），无危；

中间一行，从左到右：大无花果鹦鹉西部亚种（*Psittaculirostris desmarestii occidentalis*），无危；红尾黑凤头鹦鹉（*Calyptorhynchus banksii*），无危；蓝盖鹦鹉昆士兰亚种（*Northiella haematogaster haematorrhoa*），无危；

最下一行，从左到右：约氏吸蜜鹦鹉（*Charmosyna josefinae*），无危；红腹鹦鹉（*Poicephalus rufiventris*），无危；蓝颈鹦鹉（*Tanygnathus lucionensis salvadorii*），近危。

地中海拟水龟（*Mauremys leprosa*），未予评估

这种分布于西班牙、葡萄牙和北非的龟类生活在淡水或半咸水河流及池沼之中。与拟水龟属的其他龟一样，它们喜欢晒太阳。由于人类的开发，它们的栖息环境被污染、破坏，目前这种动物的种群数量正在逐渐减少。

美洲大鲵指名亚种（*Cryptobranchus alleganiensis alleganiensis*），近危

美洲大鲵的身长可达 61 厘米。"泥猫""魔鬼狗"和"千层面蜥蜴"都是它们的别称。美洲大鲵是夜行性动物，它们的身体极其黏滑。图中这个亚种栖息在从美国纽约到佐治亚州和密苏里州的淡水溪流中。

土拨鼠的"语言"是动物王国中最复杂的"语言"之一，

它们会用不同的表达方式向

群体

中的其他成员传达各种危险信号。

面临不同的天敌（如鹰和土狼）时，它们发出的声音也不同。

它们甚至能表述出"穿着黄色衬衫的高个子人类"的形象。

黑尾土拨鼠（*Cynomys ludovicianus*），无危

黑尾土拨鼠有着令人难以置信的社交能力，它们居住的洞穴群好像拥
有许多"社区"的"城镇"，可以容纳数百名居民。1902 年，人们在美
国得克萨斯州发现了有记录以来最大的黑尾土拨鼠"城镇"，该聚居地
绵延约 64 750 平方千米，是大约 4 亿只土拨鼠的家园。

食蟹猕猴菲律宾亚种（*Macaca fascicularis philippensis*），近危
这种长着深色头冠、尾巴很长的猕猴是食蟹猕猴的一个亚种，
它们生活在菲律宾的红树林和森林中。为了寻找美味的水果，
它们经常会成群结队地四处游荡。食蟹猕猴这个物种遍布于亚
洲的许多地区，但由于人类的过度狩猎，它们的种群数量正在
不断下降。

佛罗里达黑熊（*Ursus americanus floridanus*），无危

佛罗里达黑熊是美洲黑熊的一个亚种，它们生活在美国佛罗里达州的森林之中，生性聪明、充满好奇。在每一年的特定时节，成年雄性黑熊都会为了寻找食物或求偶而长途跋涉上百千米，而雌性佛罗里达黑熊则会花费相当多的时间和精力抚养幼崽。

倭新小羚（*Neotragus pygmaeus*），无危

这是世界上最小的羚羊，大概只有野兔那么大，它们栖居在非洲西部的低地森林中。这种夜行性的小羚羊非常罕见，它们生性胆小，以植物为食，过着隐秘的独居生活。人们对它们的生活方式和行为知之甚少。

细皮瘤尾守宫皮伯乐亚种（*Nephrurus levis pilbarensis*），无危
这种大眼睛、粗尾巴的蜥蜴生活在澳大利亚的沙地、草原和灌木丛中，它们白天躲在洞穴中，夜间外出捕食昆虫。它们在分类上属于藁（gǎo）趾虎科，以能发出刺耳的吠叫声而闻名。

聪明又狡猾

在"影像方舟"项目刚开始时,我和儿子科尔准备一起拍摄黑猩猩,并用厚纸和胶带制作出了一个摄影棚。当我们完成时,我说:"这玩意儿会坚持多久? 60秒?"实际上,连60秒也没撑过。工作人员才刚刚打开门,一只黑猩猩就伸出手臂,一把将背景板撕破了!对于这个我们费尽心力制作的背景板的坚固程度,我原本是很有信心的——就算是一个成年人用力扯上好几次,都无法把这东西撕破,但黑猩猩似乎有使不完的劲儿。黑猩猩的举止与其他动物不同,它们行动迅速、好斗、强壮、聪明且狡猾。为了拍摄它们的照片,我必须将相机镜头伸入摄影棚的一个开口中去。我都能够想象一只黑猩猩冲向镜头,"砰"的一拳把它打飞,砸断我的鼻子。所以我很识趣地放弃了。我拍过老虎、狼獾,拍过大大小小、各种各样的珍禽异兽,但从没有拍到过令自己满意的成年黑猩猩的照片。黑猩猩大概就是我心中的白鲸[①]吧。

① 译注:《白鲸》(*Moby Dick*)是美国小说家赫尔曼·梅尔维尔(Herman Melville, 1819—1891)于1851年发表的长篇小说。小说描写了捕鲸船船长亚哈为了追逐并杀死心心念念的白鲸(实为白色抹香鲸)莫比·迪克而扬帆远航,最终命丧大海的故事。本书作者借"白鲸"隐喻拍摄到满意的黑猩猩照片是自己一直无法实现的心头执念。

黑猩猩(*Pan troglodytes*),濒危
黑猩猩有着复杂的社会生活。无论是母亲和孩子之间,还是兄弟姐妹之间,都存在着牢固且维持终身的纽带关系。研究人员发现,成年雌性和雄性黑猩猩可能会通过某种方式增进彼此之间的关系。

关于"影像方舟"

　　世界上丰富多样的动植物及它们所处的环境是维持这颗星球健康、稳定、生机勃勃的力量源泉。然而对于许多物种来说，它们的时间已所剩无几。其中任何一个物种的衰减或消失，都可能对整个生物界产生影响，可谓牵一发而动全身。国家地理"影像方舟"项目正在用摄影的力量提醒人们：在为时已晚前，帮助和拯救那些濒临灭绝的物种。"影像方舟"项目的创始人乔尔·萨托一直在为保护濒危物种做出各种努力。他希望用镜头记录下世界各地的动物园和野生动物保护区中每一个物种的影像。乔尔用教育的方式鼓励人们保护自然，倡导人们通过参加实地保育的方式帮助保护野生动物。在他多年的辛勤工作下，目前全球已有超过 11 000 个物种的照片被留存下来。

　　为了创建全球生物多样性影像档案，乔尔访问了全球 40 多个国家，预计将收录大约 20 000 个物种，囊括鸟类、鱼类、哺乳动物、爬行动物、两栖动物和无脊椎动物。待这项宏大的工程完成后，它将成为每一种动物曾经存在过的重要记录，并有力地证明拯救它们的重要性。

彩绘树蛙（*Boana picturata*），无危

拍摄过程

那么，我们是如何拍出这些照片的呢？我们工作的第一步，是让动物来到位于明亮光线下的黑色或白色背景前。对于较小的动物而言，这一步通常相对容易：我们将这些小动物转移到一处拥有黑色或白色墙面、地面的空间。在大多数情况下，这个空间会是一项用软布料制成的拍摄帐篷，在那里，我可以通过取景框轻易拍摄到这些小动物。对于那些更大或更容易受到惊吓的动物而言，如斑马、犀牛、大象，我们会在它们的活动区域安装背景板，并且可能在拍摄时只使用自然光。我们很少会在它们脚下放置任何可能吓到它们或导致它们滑倒的东西。在这种情况下，我们要么尽量不拍摄动物的脚，要么后续使用图像处理软件将地板调至黑色。

"影像方舟"项目所拍摄的大多数动物一生都生活在人类身边，因此，当我们为它们摄影时，它们都表现得很冷静。尽管如此，我们还是希望照片拍摄尽快完成，因为这样我们就不需要不时地停下来清理那些动物抖落在背景布上的碎屑和污垢。最后我们还会使用图像处理软件，对最终的照片进行修饰。我们的目标是得到一张清晰、合焦准确，且动物周围只有纯黑或纯白背景的图片，以图每一个查阅照片的人都能不受干扰，专心欣赏这些美丽的生灵，进而对它们投以关注。

苍狐（*Vulpes pallida*），无危

处理前：我们的首要目标是尽快完成拍摄，以减少动物的紧张情绪。这意味着，拍摄完毕后我们需要通过数码手段对背景进行清理。

处理后：成品图，所有背景上的尘土、毛发都已通过图像处理软件去除。

关于作者

乔尔·萨托因其幽默的性格，坚持不懈、勤奋刻苦的职业精神而广受赞誉。他是一位优秀的摄影师，同时也是一位作家、教师、动物保育者。乔尔是美国《国家地理》杂志的签约摄影师和撰稿人，他尤其擅长以摄影作品记录世界各地的濒危物种和风景奇观。乔尔是"影像方舟"这项规模宏大的动物肖像记录项目的创始人，该项目计划为期25年，旨在拯救濒临灭绝的物种和保护它们岌岌可危的野外栖息地。除美国《国家地理》杂志外，他还为《奥杜邦》《纽约时报》《史密森尼》等杂志撰稿，并参与过诸多书籍项目，其中就包括其他3本"影像方舟"系列图书。目前他和妻子凯西以及他们的3个孩子科尔、艾伦和斯宾塞住在美国内布拉斯加州林肯市。

其他贡献者

皮埃尔·德夏巴纳（PIERRE DE CHABANNES），科学顾问

皮埃尔来自法国，是"影像方舟"项目的动物保育学、动物学及分类学顾问。此外，他还在多个动物保护组织中担任科学顾问一职。他是一位讲师、作家、极具热忱的野生动物摄影师，还是一项名为"皮埃尔野生动物"的动物保护及教育项目的创始人。

莉比·桑德（LIBBY SANDER），撰稿人

莉比·桑德来自美国华盛顿特区，她是记者和撰稿人，目前她所负责的项目包括"影像方舟"系列以及布赖恩·斯科里（Brian Skerry）所拍摄的纪录片《鲸鱼的秘密》。她的作品曾刊登于《纽约时报》《华盛顿邮报》《哈凯》等。

米歇尔·卡西迪（MICHELLE CASSIDY），编辑

米歇尔·卡西迪是一位作家及编辑，她曾与美国《国家地理》杂志社、秘境、石英财经网等诸多出版公司和网站合作。她目前居住于美国纽约市布鲁克林区。

髭长尾猴（*Cercopithecus cephus cephodes*），近危

动物名录索引

瑟氏獛（*Genetta thierryi*），无危

此处按照书中出现的顺序列出了书中所有动物的名字及照片拍摄地点。

72：莱氏狷羚，San Antonio Zoo, San Antonio, Texas
73：秘鲁绿金马陆，Miller Park Zoo, Bloomington, Indiana
74~75：椰子蟹，Private collection
76：刀背麝香龟，Tennessee Aquarium, Chattanooga, Tennessee
77：山貘，Los Angeles Zoo, Los Angeles, California
78~79：翠叶红颈凤蝶，Malacca Butterfly and Reptile Sanctuary, Ayer Keroh, Malaysia
80：扇趾守宫，Scaly Dave's Herp Shack, Manhattan, Kansas
81：大牛头犬蝠，Omaha's Henry Doorly Zoo and Aquarium, Omaha, Nebraska
82~83：大鸨，Angkor Centre for Conservation of Biodiversity, Kbal Spean, Cambodia
84：斑马章鱼，Monterey Bay Aquarium, Monterey, California
85：波氏巨蟹蛛，Moscow Zoo, Moscow, Russia
86~87：白腹长尾穿山甲，Pangolin Conservation, St. Augustine, Florida
88：大埃及跳鼠，Plzeň Zoo, Plzeň, Czechia
89：黑侧草螽，Wild caught, Denton, Nebraska
90~91：西氏长颈龟，Tennessee Aquarium, Chattanooga, Tennessee
92：米勒僧面猴，Cafam Zoo, Tolima, Colombia
93：环斑海豹，Alaska SeaLife Center, Seward, Alaska
94：青灰拟球海胆，Littoral Station of Aguda, Praia da Aguda, Portugal
94：环刺棘海胆，Semirara Marine Hatchery Laboratory, Philippines
94：白棘三列海胆，Aquarium Berlin, Berlin, Germany
94：短刺海胆，Melbourne Zoo, Parkville, Australia
94：红石笔海胆，Oklahoma City Zoo, Oklahoma City, Oklahoma
94：杂色海胆，Gulf Specimen Marine Laboratories, Panacea, Florida
94：石笔海胆，Aquarium of the Pacific, Long Beach, California
94：黑海胆，Aquarium Berlin, Berlin, Germany
94：大西洋紫海胆，Gulf Specimen Marine Laboratories, Panacea, Florida
95：花海胆，Semirara Marine Hatchery Laboratory, Philippines
96~97：印度象，Singapore Zoo, Singapore
98：红巨寄居蟹，Gulf Specimen Marine Laboratories, Panacea, Florida
99：小鼷鹿，Singapore Zoo, Singapore
100~101：埃及果蝠，Omaha's Henry Doorly Zoo and Aquarium, Omaha, Nebraska
102：中戴鞭蛛，Butterfly Pavilion, Westminster, Colorado
103：光滑太阳海星，Maine State Aquarium, West Boothbay Harbor, Maine
104~105：大天鹅，Sylvan Heights Bird Park, Scotland Neck, North Carolina
106：玻利维亚松鼠猴，Rio de Janeiro Zoological Garden, Rio de Janeiro, Brazil

107：金纹伸舌螈，Natural History and Science Museum of the University of Porto, Porto, Portugal
108~109：小提琴螳螂，Omaha's Henry Doorly Zoo and Aquarium, Omaha, Nebraska
110：土豚，Omaha's Henry Doorly Zoo and Aquarium, Omaha, Nebraska
111：聊狐，Denver Zoo, Denver, Colorado

白领翡翠（*Todiramphus chloris*），无危

112~113：栗耳簇舌巨嘴鸟，National Aviary of Colombia, Barú, Colombia

花纹

114~115：鹫珠鸡，Omaha's Henry Doorly Zoo and Aquarium, Omaha, Nebraska
116：西澳海马，Aquarium Berlin, Berlin, Germany
118：索诺兰沙漠马陆，Fort Worth Zoo, Fort Worth, Texas
119：高冠变色龙，Private collection
120~121：石色裸胸鳝，Gulf Specimen Marine Laboratories, Panacea, Florida
122：崖海鸦，University of Nebraska State Museum, Lincoln, Nebraska
123：缟鬣狗，Assam State Zoo and Botanical Garden, Ambikagirinagar, India
124~125：苏门答腊虎，Miller Park Zoo, Bloomington, Indiana
126：西部斑臭鼬，Hogle Zoo, Salt Lake City, Utah
126：问号斑螳，Budapest Zoo and Botanical Garden, Budapest, Hungary
126：短嘴黑凤头鹦鹉，Jurong Bird Park, Singapore
126：七星刀鱼，Porte Dorée Tropical Aquarium, Paris, France
126：黑点帛斑蝶，Malacca Butterfly and Reptile Sanctuary, Ayer Keroh, Malaysia
126：网纹钝口螈，Atlanta Botanical Garden, Atlanta, Georgia
126：雪豹，Miller Park Zoo, Bloomington, Illinois
126：雪鸮，Raptor Conservation Alliance, Elmwood, Nebraska
126：佛罗里达东岸钻纹龟，Brevard Zoo, Melbourne, Florida
127：黑颈天鹅，Omaha's Henry Doorly Zoo and Aquarium, Omaha, Nebraska
127：黑扯旗鱼，River Safari, Singapore
127：领狐猴，Lincoln Children's Zoo, Lincoln, Nebraska
127：马来环蛇，Sedgwick County Zoo, Wichita, Kansas
127：白角树蜂，Wild caught, Deerwood, Minnesota
127：眼斑双锯鱼，Omaha's Henry Doorly Zoo and Aquarium, Omaha, Nebraska
127：黑白魟，Dallas World Aquarium, Dallas, Texas
127：星鸦，Plzeň Zoo, Plzeň, Czechia
127：锈斑獴，Miller Park Zoo, Bloomington, Indiana
128~129：仙唐加拉雀，Zoo Berlin, Berlin, Germany
130：大加那利岛石龙子，Plzeň Zoo, Plzeň, Czechia
131：蓝七彩神仙鱼，Dallas World Aquarium, Dallas, Texas
132~133：网纹猫鲨，Omaha's Henry Doorly Zoo and Aquarium, Omaha, Nebraska
134：斑鹿，Kamla Nehru Zoological Garden, Kankaria, India
135：石花肺鱼，Moscow Zoo, Moscow, Russia
136~137：蝉，Wild caught, Bioko Island, Equatorial Guinea
138：盔平囊鲶，Auburn University Fish Biodiversity Lab, Auburn, Alabama
139：典型条纹草鼠，Plzeň Zoo, Plzeň, Czechia
140~141：吉拉毒蜥横带亚种，Woodland Park Zoo, Seattle, Washington
142：绿树蟒，Riverside Discovery Center, Scottsbluff, Nebraska
143：红眼树蛙，Sunset Zoo, Manhattan, Kansas
144~145：红冠蕉鹃，Tracy Aviary, Salt Lake City, Utah
146~147：蛋黄水母，Loro Parque Foundation, Tenerife, Spain
148：小绒鸭，Alaska SeaLife Center, Seward, Alaska
149：霍加狓，White Oak Conservation Center, Yulee, Florida
150~151：红带叶蝉，Wild caught, Walton, Nebraska
152~153：道姆礁鳌虾，Pure Aquariums, Lincoln, Nebraska
154：枯叶鱼，Porte Dorée Tropical Aquarium, Paris, France

155：拟叶螽，Las Gralarias Reserve, Mindo, Ecuador
156~157：条纹林狸，Taman Safari Indonesia, Bogor, Indonesia
158：中美彩龟，Chapultepec Zoo, Mexico City, Mexico
159：白腹锦鸡，Gladys Porter Zoo, Brownsville, Texas
160~161：北非条纹鼬，Plzeň Zoo, Plzeň, Czechia
162：葡萄蔓蛾，Wild caught, Lincoln, Nebraska
162：伪番红花尺蛾，Wild caught, Valparaiso, Nebraska
162：惠氏裳夜蛾，Wild caught, Deerwood, Minnesota
162：黄线尺蛾，Wild caught, Deerwood, Minnesota
162：弗州蔓天蛾，Wild caught, Deerwood, Minnesota
162：角尺蛾，Wild caught, Deerwood, Minnesota
162：深红裳夜蛾，Wild caught, Lincoln, Nebraska
162：勒孔特虎蛾，Wild caught, Deerwood, Minnesota
162：橙带涤尺蛾，Wild caught, Deerwood, Minnesota
163：奈斯虎蛾，Wild caught, Lakeside, Nebraska
163：窗翼天蚕蛾，Wild caught, Mindo, Ecuador
163：红节天蛾，Wild caught, Deerwood, Minnesota
163：粉翅裳夜蛾，Wild caught, Deerwood, Minnesota
163：巨型豹飞蛾，Wild caught, Deerwood, Minnesota
163：斑绿夜蛾，Wild caught, Deerwood, Minnesota
163：曲纹绿翅蛾，Wild caught, Deerwood, Minnesota
163：罗宾蛾，Wild caught, Lincoln, Nebraska
163：乞丐蛾，Wild caught, Deerwood, Minnesota
164：南部三带犰狳，Lincoln Children's Zoo, Lincoln, Nebraska
165：珍珠鹦鹉螺，Monterey Bay Aquarium, Monterey, California
166~167：希拉箭毒蛙，Private collection
168：小丑炮弹鱼，Pure Aquariums, Lincoln, Nebraska
169：绿背斑雀，Zoo Berlin, Berlin, Germany
170：蓝树巨蜥，Gladys Porter Zoo, Brownsville, Texas
171：瑞氏树巨蜥，Fort Worth Zoo, Fort Worth, Texas
172~173：查氏斑马，Wrocław Zoo, Wrocław, Poland
174：亚洲岩蟒，Cleveland Metroparks Zoo, Cleveland, Ohio
175：西部泥蛇，Oklahoma City Zoo, Oklahoma City, Oklahoma
176~177：黑头角雉，Himalayan Nature Park, Kufri, India
178：女王神仙鱼，Pure Aquariums, Lincoln, Nebraska
179：眼镜神仙鱼，Dallas World Aquarium, Dallas, Texas
180~181：马来棱皮树蛙，Saint Louis Zoo, St. Louis, Missouri
182：白条花金龟，Saint Louis Zoo, St. Louis, Missouri
182：格雷丽花金龟，Saint Louis Zoo, St. Louis, Missouri
182：美丽星花金龟蓝色亚种，Aquarium Berlin, Berlin, Germany
182：土瓜达花金龟，Houston Zoo, Houston, Texas
182：小丑花金龟，Houston Zoo, Houston, Texas
182：乌干达花金龟，Budapest Zoo and Botanical Garden, Budapest, Hungary
182：四斑幽花金龟，Budapest Zoo and Botanical Garden, Budapest, Hungary
182：波丽菲梦斯花金龟中非亚种，Budapest Zoo and Botanical Garden, Budapest, Hungary
183：三星花金龟，Moscow Zoo, Moscow, Russia
184~185：豹变色龙，Dallas World Aquarium, Dallas, Texas
186~187：锦木纹龟，Tennessee Aquarium, Chattanooga, Tennessee
188~189：红绿金刚鹦鹉，World Bird Sanctuary, Valley Park, Missouri
190~191：墨西哥蝴蝶鱼，Downtown Aquarium, Denver, Colorado
192：红血蟒，Omaha's Henry Doorly Zoo and Aquarium, Omaha, Nebraska
193：臭椿巢蛾，Wild caught, Lincoln, Nebraska

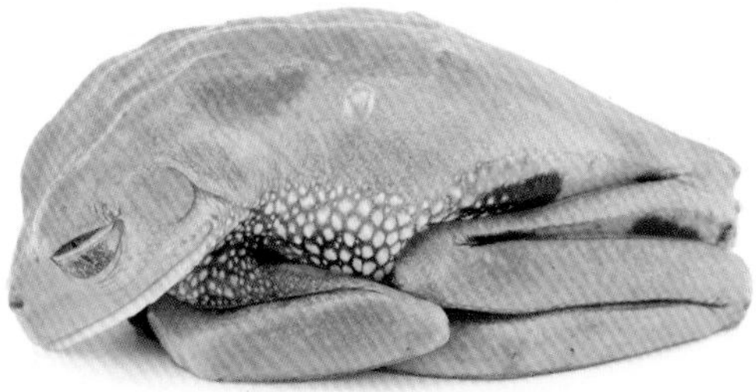

厄瓜多尔猴蛙（*Callimedusa ecuatoriana*），易危

194~195：黑猫头鹰环蝶，Omaha's Henry Doorly Zoo and Aquarium, Omaha, Nebraska
196：许氏短刺鲀，Virginia Aquarium, Virginia Beach, Virginia
197：飞白枫海星，Aquarium Berlin, Berlin, Germany
198~199：斑尾袋鼬，Moonlit Sanctuary Wildlife Park, Pearcedale, Australia
200：狮尾狒，Parco Natura Viva, Bussolengo, Italy
201：内格罗斯鸡鸠，Talarak Foundation, Negros Island, Philippines
202~203：横带虎钝口螈，Oklahoma City Zoo, Oklahoma City, Oklahoma
204：始红蝽，Quinta dos Malvedos Vineyard, Castedo, Portugal
205：华丽伶猴，Piscilago Zoo, Piscilago, Colombia
206：泰国钴蓝捕鸟蛛，Butterfly Pavilion, Westminster, Colorado
207：染色箭毒蛙，Rolling Hills Zoo, Salina, Kansas
208~209：绿瘦蛇，Singapore Zoo, Singapore

极致

210~211：皇狨猴，Plzeň Zoo, Plzeň, Czechia
212：澳大利亚海苹果，Dallas World Aquarium, Dallas, Texas
214：棕榈凤头鹦鹉潘岛亚种，Bali Bird Park, Bali, Indonesia
215：北美林地驯鹿，Zoo New York, Watertown, New York
216~217：马岛巨人日行守宫，Private collection
218：长吻针鼹，Batu Secret Zoo, Batu, Indonesia
219：橡子象鼻虫，Wild caught, Waubonsie State Park, Iowa
220~221：恒河鳄，Kukrail Gharial and Turtle Rehabilitation Centre, Lucknow, India
222~223：美洲雕鸮，Raptor Conservation Alliance, Lincoln, Nebraska
224：刺山龟，Zoo Atlanta, Atlanta, Georgia
225：持棒棘腹蛛，University of the Philippines, Philippines
226：蓝马鸡，Tierpark Berlin, Berlin, Germany
227：得州盲螈，Detroit Zoo, Royal Oak, Michigan
228：普通竹节虫，Plzeň Zoo, Plzeň, Czechia
228：亚利桑那竹节虫，Phoenix Zoo, Phoenix, Arizona
228：马岛柯氏竹节虫，ABQ BioPark Zoo, Albuquerque, New Mexico
229：竹节虫，University of the Philippines, Philippines
229：饥长足异蝽，Moscow Zoo, Moscow, Russia
229：小扁竹节虫，Exmoor Zoo, Barnstaple, United Kingdom
230：东黑白疣猴基库尤亚种，Lisbon Zoo, Lisbon, Portugal
231：布氏蛮羊，Dallas Zoo, Dallas, Texas
232~233：苏里南角蛙，Riverbanks Zoo and Garden, Columbia, South Carolina
234：圣歌女神裙绡蝶，Audubon Nature Institute, New Orleans, Louisiana
235：西部菱斑响尾蛇，Reptile Gardens, Rapid City, South Dakota
236：腰斑巨松鼠，Private collection
237：夏威夷僧海豹，Minnesota Zoo, Apple Valley, Minnesota
238~239：布氏龙角螳螂，Wild caught, Cameroon

马来大狐蝠（*Pteropus vampyrus lanensis*），近危

311：巨型鲛斯，Central Florida Zoo and Botanical Gardens, Sanford, Florida
312：夏威夷鹭，Sia: The Comanche Nation Ethno-Ornithological Initiative, Cyril, Oklahoma
313：绿拟椋鸟，Private collection
314~315：瓦氏冕狐猴，Lemuria Land, Nosy Be, Madagascar
316：豹纹守宫，Sunset Zoo, Manhattan, Kansas
317：蓬尾浣熊，Fort Worth Zoo, Fort Worth, Texas
318：黑掌树蛙，Private collection
319：四线树蛙，Private collection
320：棕榈原螯虾，Wild caught, Okefenokee Swamp, Georgia
320：二斑螯虾，Wild caught, Little Barren River, Kentucky
320：粗壮螯虾，Crayfish Conservation Laboratory, West Liberty, West Virginia
320：佛迪圆钳螯虾，Crayfish Conservation Laboratory, West Liberty, West Virginia
320：克氏原螯虾，Woodland Park Zoo, Seattle, Washington
320：库萨河多刺螯虾，Crayfish Conservation Laboratory, West Liberty, West Virginia
320：迪瓦兹烈焰圆刺螯虾，Crayfish Conservation Laboratory, West Liberty, West Virginia
320：北部清水螯虾，Crayfish Conservation Laboratory, West Liberty, West Virginia
320：佛罗里达蓝螯虾，Porte Dorée Tropical Aquarium, Paris, France
321：凯氏猎舟甲蝎，University of Porto, Porto, Portugal
321：红木蝎，Omaha's Henry Doorly Zoo and Aquarium, Omaha, Nebraska
321：斑马扁石蝎，Gladys Porter Zoo, Brownsville, Texas
321：阿氏肥尾蝎，University of Porto, Porto, Portugal
321：蓝青异蝎，Gladys Porter Zoo, Brownsville, Texas
321：中东金蝎，University of Porto, Porto, Portugal
321：狭长螯尾蝎，Wild Life Sydney Zoo, Sydney, Australia
321：黄肥尾蝎，Houston Zoo, Houston, Texas
321：亚利桑那巨毛蝎，Gladys Porter Zoo, Brownsville, Texas
322~323：亚洲小爪水獭，Omaha's Henry Doorly Zoo and Aquarium, Omaha, Nebraska
324：火焰黄膝蜘蛛，Albuquerque BioPark, Albuquerque, New Mexico
325：南部巨藻蟹，California Science Center, Los Angeles, California
326：黑尾长耳大野兔，Cedar Point Biological Station, Ogallala, Nebraska
327：欧亚猞猁，Columbus Zoo, Powell, Ohio
328~329：针尾鸭，Sylvan Heights Bird Park, Scotland Neck, North Carolina
330：巴拉望臭獾，Avilon Zoo, Rodriguez, Philippines
331：白鼻浣熊，Fort Worth Zoo, Fort Worth, Texas
332：大西洋牛鼻鲼，Phoenix Zoo, Phoenix, Arizona
333：澳洲裸鼻鸥，Moonlit Sanctuary Wildlife Park, Pearcedale, Australia
334~335：南美林猫，Fauna Andina, Villarrica, Chile
336：短肢领航鲸，SeaWorld, Orlando, Florida
337：玛瑞曲颈龟库珀亚种，Templestowe College, Templestowe, Australia
338~339：东方仓鸮，Penang Bird Park, Perai, Malaysia
340：北非草鼠，Budapest Zoo and Botanical Garden, Budapest, Hungary
340：查克巴哈奇沙滩鼠，U.S. Fish and Wildlife Service, Panama City, Florida
340：林鼩鼠，Moscow Zoo, Moscow, Russia
340：佛罗里达棉鼠，Wild caught, Crocodile Lake National Wildlife Refuge, Florida
340：南非棘小鼠，Plzeň Zoo, Plzeň, Czechia

白唇竹叶青（*Trimeresurus albolabris*），无危

340：荒漠囊鼠，Liberty Wildlife, Phoenix, Arizona
340：卫士弹鼠，Wild Life Sydney Zoo, Sydney, Australia
340：圣安德鲁沙滩鼠，U.S. Fish and Wildlife Service, Panama City, Florida
340：索氏棘小鼠，Plzeň Zoo, Plzeň, Czechia
341：北美鹿鼠，Wild caught, Watertown, New York
341：东南沙滩鼠，Wild caught, Cape Canaveral Air Force Station, Florida
341：东方刺毛鼠，Plzeň Zoo, Plzeň, Czechia
341：北方食蝗鼠，Wild caught, Wood River, Nebraska
341：佩尔蒂岛朵凯伊沙滩鼠，Wild caught, Kissimmee Prairie Preserve State Park, Okeechobee, Florida
341：克里特岛刺毛鼠，Plzeň Zoo, Plzeň, Czechia
341：阿纳斯塔西亚岛沙滩鼠，Wild caught, Florida
341：荒漠鹿鼠，Plzeň Zoo, Plzeň, Czechia
341：西部收获鼠，Cedar Point Biological Station, Ogallala, Nebraska
342：赤秃猴，Los Angeles Zoo, Los Angeles, California
343：赤猴，Houston Zoo, Houston, Texas
344~345：粗皮溃螈，Oregon Zoo, Portland, Oregon
346：蓬尾婴猴，Cleveland Metroparks Zoo, Cleveland, Ohio
347：扁头豹猫，Taiping Zoo, Taiping, Malaysia
348~349：九刺弹涂鱼，Newport Aquarium, Newport, Kentucky
350：河马，San Antonio Zoo, San Antonio, Texas
351：北吕宋岛大云鼠，Plzeň Zoo, Plzeň, Czechia
352~353：非洲隼雕，Zoopark Zájezd, Zájezd, Czechia
354：蜂猴，Angkor Centre for Conservation of Biodiversity, Kbal Spean, Cambodia
355：尤金袋鼠，Moonlit Sanctuary Wildlife Conservation Park, Pearcedale, Australia
356~357：苏门答腊喷毒眼镜蛇，Avilon Zoo, Rodriguez, Philippines
358：西美角鸮，Denver Zoo, Denver, Colorado
359：虎猫，Omaha's Henry Doorly Zoo and Aquarium, Omaha, Nebraska
360~361：库克海峡巨沙螽，Zealandia, Wellington, New Zealand
362：棕鼯鼠，Private collection
363：旋角羚，Buffalo Zoo, Buffalo, New York
364：东部森林狼，Zoo New York, Watertown, New York
365：澳洲海狮，Taronga Zoo Sydney, Mosman, Australia
366~367：纳什维尔螯虾，Wild caught, Tennessee
368：蹼猴叶蛙，Wild caught, Pilalo, Ecuador
369：蓝强棱蜥，Tulsa Zoo, Tulsa, Oklahoma
370~371：西方蜜蜂，Wild caught, Lincoln, Nebraska
372：节尾猴，Miller Park Zoo, Bloomington, Indiana
373：麝牛，University of Alaska Fairbanks, Fairbanks, Alaska
374~375：得克萨斯鼍蜥，Gladys Porter Zoo, Brownsville, Texas
376：菲律宾短尾鹦鹉，Private collection

红嘴火雀（*Lagonosticta senegala*），无危

IUCN 物种濒危等级

国际自然保护联盟（IUCN, The International Union for Conservation of Nature and Natural Resources）是一个致力于保护生物多样性的国际组织。《IUCN濒危物种红色名录》（*The IUCN Red List of Threatened Species*）记载了全世界的动植物物种，并根据灭绝风险一一进行评定。本书中，我们记录的每一个物种的名称后面，都加上了其当前的 IUCN 保护级别。

EX (Extinct)：灭绝 已确信该物种的最后一个个体已经死亡。

EW (Extinct in the Wild)：野外灭绝 已知某个物种的一些个体仅存活于人工圈养的环境，或是经过野化后以归化种群形式生存在原有栖息地之外。

CR (Critically Endangered)：极危 最可靠的现有调查证据表明，该物种在野外面临极高的灭绝风险。

EN (Endangered)：濒危 最可靠的现有调查证据表明，该物种在野外面临很高的灭绝风险。

VU (Vulnerable)：易危 最可靠的现有调查证据表明，该物种在野外面临较高的灭绝风险。

NT (Near Threatened)：近危 该物种已经过评估，其濒危程度目前不符合上述任一标准。但种种迹象（如栖息地范围及个体数量减少）表明，其有符合上述标准的趋势。

LC (Least Concern)：无危 该物种已经过评估，但不符合上述任何类别。

DD (Data Deficient)：数据不足 没有足够的信息用来评估该物种的灭绝风险。

NE (Not Evaluated)：未予评估 尚未评估该物种的灭绝风险。

安第斯白耳负鼠（*Didelphis pernigra*），无危